设计师进阶指南

从设计小白到设计总监40条方法论

贾小卜　◎著

电子工业出版社

Publishing House of Electronics Industry

北京 · BEIJING

内 容 简 介

设计师是一个特殊的群体，尤其是从大学入学接触设计，到毕业五年左右的设计师，他们在学习成长的过程中会面临许多问题，然而市面上鲜有此类书籍可供参考。本书作者从一个设计小白成长为设计总监再到创业公司掌舵人，在这其中积攒了大量的理论和实战经验，并总结为方法论将其全部倾囊相授。

书中一个个鲜活的产品设计案例和首次公开的过程资料，让设计过程高度还原，让设计师更加感同身受，更易学以致用。同时还有多位资深设计师参与其中，从不同角度分享经验和思考。另外本书不仅可以给年轻设计师提供成长的契机，也可以为设计爱好者和大众提供一个对设计尤其是工业设计更加了解的窗口。

图书在版编目（CIP）数据

设计师进阶指南：从设计小白到设计总监 40 条方法论 / 贾小卜著.
—北京：电子工业出版社，2021.6

ISBN 978-7-121-41395-7

Ⅰ . ①设… Ⅱ . ①贾… Ⅲ . ①工业设计—教材②产品设计—教材 Ⅳ . ①TB47②TB472

中国版本图书馆 CIP 数据核字（2021）第 115552 号

责任编辑：刘志红（lzhmails@phei.com.cn）　　　特约编辑：张思博
印　　刷：三河市君旺印务有限公司
装　　订：三河市君旺印务有限公司
出版发行：电子工业出版社
　　　　　北京市海淀区万寿路 173 信箱　邮编　100036
开　　本：720×1 000　1/16　印张：15.5　字数：225.7 千字
版　　次：2021 年 6 月第 1 版
印　　次：2021 年 6 月第 1 次印刷
定　　价：98.00 元

凡所购买电子工业出版社图书有缺损问题，请向购买书店调换。若书店售缺，请与本社发行部联系，联系及邮购电话：（010）88254888，88258888。

质量投诉请发邮件至 zlts@phei.com.cn，盗版侵权举报请发邮件至 dbqq@phei.com.cn。

本书咨询联系方式：（010）88254479，lzhmails@phei.com.cn。

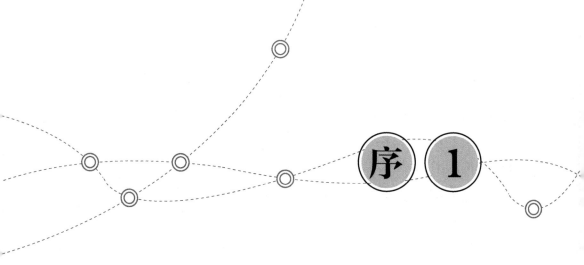

　　第一次写序，不知该从何写起，就从我对本书作者贾小卜的直观感受谈起吧！贾小卜是我们工作室 2010 级的负责人，在校期间几乎每日都与他打交道，我对他再熟悉不过。毕业 10 年，他有今天的成就还真是出乎我的意料，尤其是他一直专注于设计领域，更加让我始料未及。这段时间我一直在思考是什么让本来在校期间专业能力并不十分突出的贾小卜同学在设计领域中如鱼得水的？诚如贾小卜在本书前言中讲到的，大学期间，我们的教学过程比较务实，尤其注重对学生设计实践能力的培养，关注学生如何提出问题、解决问题、高质量地完成设计方案，但对于设计思维方式及对设计者（学生）本身综合素质的发掘和培养相对缺少一些。贾小卜在大学期间的专业设计能力和表达能力并不是最优秀的，甚至在我看来其专业能力平平，但是每次讨论方案时，他对问题都有一些独特的观察视角。最让人印象深刻的就是其毕业设计答辩最终陈述环节，系统综合、完整深刻。现在看来，这应该是一种综合性能力的集中体现。也正是这种综合性能力对其后来在职业领域的成长起到了关键的作用，使其从一名设计小白快速成长为一名设计总监。

　　本书作者经历的 10 年（2010-2020 年），正是中国设计产业从起步到腾飞的黄金 10 年。新的观念不断涌现，新的模式不断迭代，危机和挑战并存，伴随而来的是整个设计产业对现行设计教育体系的冲击和考验。未来的设计教育到底应该以何种姿态呈现，设计教育的本质、内涵和边界问题始终是这一代设计教育者和设计实践者需要认真思考的问题。从设计技能入手到思维方式构建，是上一代设计教育的主题；从拥抱技术、学科深度融合到对设计价值的理解和塑造，应该是当今乃至未来设计教育重点关注的领域。设计教育不仅应该培养有用的、好用的和实用的设计师，还应该培养能够理解行业变化、洞悉社会规律、把握未来发展趋势及有正确价值取向的综合型设计人才。因此，设计教育的边界将不断延展和扩大，产业和行业的力量将逐渐介入现行设计教育领域的每一个细节中。本书就是在这样一个大背景下，以延展设计边界为目标，从一个多年一线设计从业者的视角，给现行院校设计教育一个有力补充。

作者结合自己的实践经验及对设计行业的深刻理解，希望带给读者一种身临一线设计的真实参与感和体验感。本书从对设计内涵的理解，到对设计师职业前景的判断，再到对设计认识体系的构建，最后回到对个人价值的判断，可以让进入职场的年轻设计师在成长的过程中少走很多弯路。本书采取作者一贯严谨务实的作风，不来花架子，无论是在校期间的概念设计案例，还是从业期间的商业实战案例，都倾囊相授，把他当时最真实的思考过程和感受呈现给读者。这既是对个人经历的一次系统总结和梳理，也是一次非常具有借鉴意义的设计之旅。

最后，希望贾小卜同学能够以本书作为其新的起点，在下一个 10 年的设计生涯中，继续拥抱设计、拥抱趋势、拥抱未来，为中国设计行业的发展贡献自己更大的力量。

大连民族大学设计学院院长　包海默

2020 年 7 月 7 日 16 时于大连

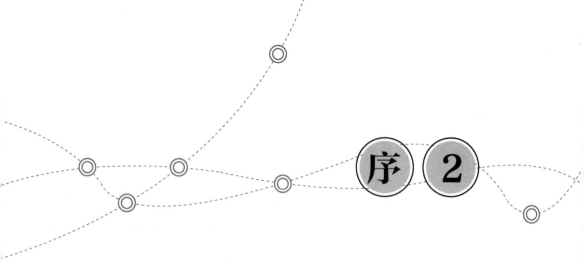

每个时代，都有一个标志，未来 5～10 年的标志，一定是"design"（设计），一个大写的"DESIGN"。每一段青春，都有一个故事，一个属于设计师的故事，未来 5～10 年会决定你的人生高度。

设计师一般会经历 4 个阶段：初学设计为别人做设计，摸爬滚打为甲方做设计，深究探索为用户做设计，大彻大悟为自己做设计。4 次转变，每一次都是"打怪升级"的过程、"涅槃重生"的体验。设计师在成长的路上会得到不同的感悟和体验，从了解设计流程和结构工艺，到学习调研技巧和总结设计方法，最后回归以"人"为本的设计内涵，成为一名独立思考的设计师。本书讲述了设计师从设计小白进阶到设计总监的全过程，可谓是"干货"满满的一个大型"升级"攻略。

近些年来，市面上一直缺乏成系统的、行之有效的关于产品设计的"干货"读物。本书所讲的理论比较实用，不是干巴巴的知识点，而是大量的图文配合，通俗易懂，更适合设计师或喜爱设计的读者阅读。本书的 40 个方法论几乎涵盖了一个设计师从设计小白成长为设计总监的全部过程。

本书作者贾小卜从自己在学校的概念案例到第一个商业案例，再到成为上品设计的设计总监同时管理几十个项目，这些"消化后的精华"（职场感悟）全部倾囊相授，能够使初学者在设计初期的道路上少踩很多"坑"、少跌很多"跤"。有心于成为"下一时代"标志的设计师都应该看一看。

每一位设计师都生而不同，每一个好设计都应为美好。本书献给永远相信设计可以让生活更加美好的你。

上品设计 CEO　周林

2020 年 7 月 14 日 24 时于北京

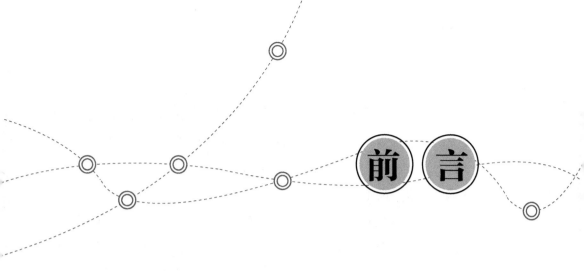

2020 年，我结束了设计学习的第一个 10 年。回望这 10 年，弹指一瞬间，我从一个设计"小白"成长为设计总监、总经理。这些年，我一直奋战在设计一线，经历了 300 多个大大小小项目的积累；经历了从设计师到设计管理者的转变；经历了从设计学习者到设计传播者的转变；经历了从设计技法到设计思维的转变。这 10 年是祖国经济腾飞、科技进步的 10 年；这 10 年是设计强国、创新强国的 10 年，在创新驱动发展的大背景下，国际创新思潮涌动，国内也大步向前。在北京，我见证了国内智能硬件的兴起，VR 和机器人的火热，"雾霾经济"的发展与消退，共享经济的喷涌与降温。时代总是在变化，好产品层出不穷，但依然还有很多需求未被满足，很多用户未被挖掘，很多问题未被解决。

记得我刚上大学时，老师教导我们"设计是为了解决问题的"；后来我工作了，前辈与我们分享"设计是为了创造价值的"；现在我觉得他们说得都对，就像小马过河的故事里描述的，站在不同的角度就会产生不同的思考，尤其是对设计的思考。我想每一个阶段都会有不同的感悟和理解，不必太过细究，做好眼前的每一件事、每一个项目就好。

这些年，看着同学转行、学弟学妹不断跳槽，有做得好的，也有做得一般的。很早的时候就有把自己的经历及实践总结出来，以帮助更多设计师的想法，由于精力有限，一直没有形成完整的体系，现在终于可以静下心来与大家分享。本书是基于真实案例及对个人经历的思考所写的，希望通过我的设计思考可以唤起大家的思考。设计的方法论需要自己总结，我的经验不一定适合别人，我只能告诉大家哪些是对的、哪些是好的习惯、哪些是目前国际流行的趋势、哪些是职场中难能可贵的品质。另外，我还邀请了一些资深设计师参与其中，共同分享经历，从多个不同角度解读设计。

希望这本书能帮助在设计路上不断求学，求知，求职的你；能够帮助到喜欢设计，希望了解设计，掌握额外一门技能的你；希望帮助到认真生活，心怀大爱，希望改变世界的你；为了更好地设计，为了更好地拥有幸福人生，让我们热爱设计。

最后，非常感谢参与分享的设计师朋友：吴婷、周政、侯得林、张蕊、田聪、尹贤明、张峰，感谢你们的慷慨分享，为本书的读者带来不同的设计视角思考和不同的设计感悟。

贾小卜

2021 年 4 月 12 日于北京

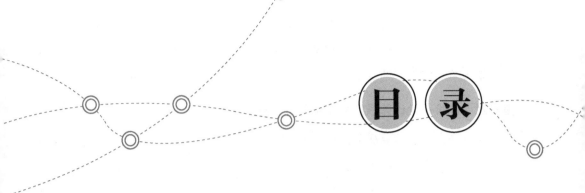

第一章 设计：

设计的定义与内涵

第一节 定义：
一种符合人类特征的合理性思考和实践

学好设计的第一步是了解什么是设计，定义设计这件事是一件极其复杂又很简单的事情，就像英文词典里的第一个英文字母，总是那么让人印象深刻。对设计的认知伴随着设计师的整个设计生涯，设计师处在不同阶段对设计的理解与定义也不同。那么，我们究竟该如何给这个每天都提及数百遍的词下定义呢？

根据百度百科给出的定义，我做了如下归纳。

一、设计的 3 个特征

（一）导向性（导向链条）

设计是具有一定导向性的获得，从客户或潜在用户发出或被识别到需求的那一刻起，这个导向链条就已经建立。例如，某大型家电公司要研发一款针对家居环境的小型加湿器，于是指派某设计小组做此项目的设计工作。在这里，设计师和用户之间，通过企业的研发计划达成了某种联系。又如，某设计师发现家里经常使用的加湿器存在很多问题，于是自发性地去思考和展开设计工作，那么导向链条在该设计师意识到产品问题的时候就已经产生。再如，你忽然感觉家里的一面墙很空旷，于是购置了一些挂画、壁纸等来装饰，这里的导向链条就是你的行动与墙面美观的链接，这时你既是设计师也是用户。如果把设计比作一条线段，那么它需要由 2 个点来连接，可最终总结为：设计是设计师有目标且有计划地进行的一项工作。这里可以理解为此线段有且仅有一个方向，过程不可逆（见图 1-1）。

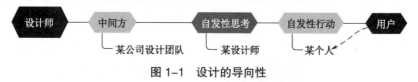

图 1-1 设计的导向性

图 1-2

（二）技术性（专业能力）

设计是一项技术工种，需要设计师具有一定的专业能力。根据方向的不同，设计师可分为不同的类型，例如，平面设计师、产品设计师、机械设计师、室内设计师、建筑设计师等。随着人类社会的发展，每一个大领域下又有很多细小分支，所以对设计师的技术要求往往局限于某一类技术，或者对设计师的某一类技术有非常高的要求。通俗地说，就是这个职业有一定的门槛。

本书主要围绕工业（产品）设计方向的工作，或者工业设计思维的跨专业学习和理解展开。因设计理论在欧美国家发展历史悠久，故设计史和相关理论常以欧美国家的工业设计、建筑设计为两大主流。

图 1-3

（三）创意性（唯一表达）

设计和创意越来越紧密地挂钩，创意本身是一个抽象化的事物，属于人类的一种思维模型，设计就是这种思维模型的具象化。衡量一个设计的好坏，经常会看它的创意如何，所以是否具有创意是衡量设计好坏的一个重要特征。如果说中国古代一个帝王要求画匠为他画一幅画像，在这里，写实的手法在我看来就不是设计了，如果加入个人的艺术或抽象表达，那没准算设计，但画匠可能有被杀头的风险。

然而也有一种设计行为是非创意性的，例如，某大型生产线要优化作业流程，对以往的生产线进行重新规划，那么效率和功能将会更加优先，创意的存在成分很小甚至没有。因此，这要辩证地看。当然设计师自己会很强调创意或原创的表达，以及设计的唯一性与创新性，这样会凸显设计师的价值，但我们不应该仅仅纠结于此。

二、设计的 2 个步骤

第一步：理解用户的期望、需要、动机，并理解业务、技术和行业上的需求和限制。

第二步：将以上信息转化为对产品的规划（或产品本身），使得产品的形式、内容和行为变得有用、能用、令人向往，并且在经济和技术上可行。这是设计的意义和基本要求所在。

关于第一步，首先设计师要理解用户（需求方）的期望、动机，其次设计师要理解行业或技术上的限制。例如，要设计一款精密仪器的外观，那么我们首先要了解操作者（客户方）的真实诉求和设计输入，然后要了解这个行业的一些行业标准、技术限制等。也就是说，脱离客户，设计无法进行；脱离用户，设计无法推广；脱离行业，设计无法落地。

关于第二步，就是说我们的产品或规划应该是有用的、美的、对事物起正向作用的。这里举一个反例，我们曾经设计过一款大型服务器的机柜面板，在了解客户需求和做了一些用户调研之后，我们的设计方案最终被客户采纳并计划实施量产。然而由于前期的思考缺乏对加工工艺及材料的深刻理解和对装备成本的考虑，在最终评审阶段客户放弃了这个方案，原因是它的装配结构形式改变，导致了成本上升。至于这款设计对用户而言没有起到更加美观或实用的作用，我们无法验证，但对客户而言，这款设计没有降低壳体的成本，导致利润不会提高，所以它就没有落地的机会。

最近，我所思考的设计的定义是：一种符合人类特征的合理性的思考和实践，它有 2 个特点。

（1）符合人类特征。

顾名思义，设计就是符合人类行为习惯及思考方式的产物。从远古时期人类就有了心理和生理两个需求，生理需求早于心理需求出现。首先我们的祖先要活下来，然后开始制造工具，征服自然。后来逐渐诞生了偏理性主义的工业设计。又过了一段时间，能吃饱喝足后的人类对美的事物有了更多的心理需求，所以艺术设计由此诞生，它是一种偏感性的理想主义。我将人类特性分为心理和生理两类（见图1-4），其实工业设计是二者兼顾，相互关联，密不可分。大家可以发现很多大学招收的工业设计或建筑设计专业的学生既有艺术生又有非艺术生，就是这个道理。

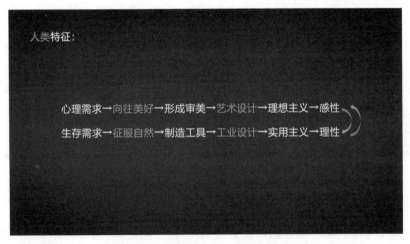

图1-4 人类特征——理性和感性发展

（2）合理性思考和实践。

设计的合理性指的是符合人类的行为习惯，是人类的下意识及当前状态下的正确思考。如图 1-5 所示，在营业厅时，基于我们的坐姿，我们需要一个适合脊柱角度的交流空间，腿部也需要一个放置间隙，蓝色为合理的，红色为不合理的；我们在晾衣服的时候会遇到衣服从衣架上滑落的情况，这也是一种不合理的状态；在卫生间，小孩上厕所的需求有没有被充分考虑和照顾到呢？

体现社会文明程度的一个标准就是在这个社会中，是不是每个人的需求都被充分考虑和照顾到。这里的每个人不考虑其社会地位、财富、学历等条件，所有对物品有使用需求或发生交互关系的人即为用户。如图 1-6 所示，就是日常生活中用户没有被尊重的体现。

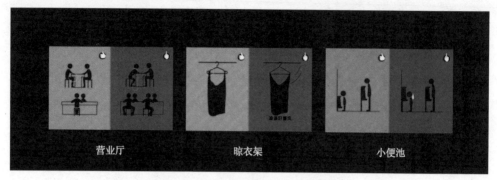

营业厅　　　　　　晾衣架　　　　　　小便池

图 1-5　生活中设计的合理与不合理

"互相谦让小便池"　　　　让我怎么插　　　　推还是拉

图 1-6　日常生活中用户没有被尊重的体现

如果你觉得一切都挺好的，没有什么问题，那么恰恰可能是你缺乏对美好事物的向往或体验。在这里，体验非常重要。一个人可能全然不知什么是好的体验，已经习惯了周遭的生活环境，认为一切都是合理的，所以没有强烈需求和希望改变的冲动。设计师必须要打破这种潜在平衡，替用户发声，寻找生活中的问题并提出解决方案。

我在日本出差期间随手拍摄的一些卫生间的图片，如图 1-7 所示。众所周知，日本的卫生间设计是全球著名的，当然不仅仅只有风靡中国的智能马桶盖。在日本，上厕所确实是一件惬意的事情，合理及下意识的行为被充分考虑。在这个狭小封闭的空间里，你会觉得你的需求被充分照顾和关怀，例如，厕纸的位置、扶手的角度、地面的粗糙度，还有放置婴儿的座椅等。就连上厕所的声音可能被别人听到也被考虑到，在上厕所时都会有轻柔的音乐响起，真是不得不佩服日本设计的细节之处。

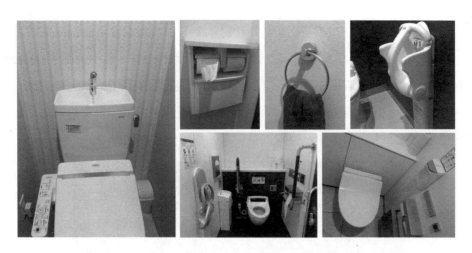

图 1-7　日本卫生间的内部细节

在这里，我没有强调设计是一个方案或一张图纸，更或是一套系统，而是一场思考和实践。综上所述，这就是我对设计的定义：一种复合人类特征的合理性思考和实践。这仅代表我现阶段的个人观点，希望能启发大家形成自己的设计定义。

■ 第二节　起点：
设计赢在起点

一、培养成最初的热爱

我不记得自己是从什么时候爱上做设计的，只记得后来慢慢地没有那么反感做设计了。

我从艺考之后就一直想做建筑设计，但后来稀里糊涂地学了工业设计，并且坚持了这么多年。如今回过头看，这些年最初的这种"不讨厌"恰恰是我坚持的动力。很遗憾，我没有在第一次接触设计时就爱上它，否则我可能做得更好。

"如果可以让我更早地遇到那个让我痴狂地愿意为之奋斗终生的职业，我愿意生命停在 40 岁。"这是我曾经的一位艺术家老师对我说的话，那时他 30 出头（见图 1-8）。以前我不太懂，觉得老师有点夸张了，有什么可以和生命相提并论？现在慢慢理解了，人可以做自己喜欢的事，真是件不可多得的幸事。

图 1-8 艺术家老师工作图

不要小看热爱的力量，回忆一下你凌晨追剧和通宵打游戏的经历；不要怀疑热爱的力量，想想你当年是怎么在老师的眼皮底下看小说的。我们都曾有过那种感觉，尤其在年轻的时候，世界是全新的，未来是遥远的，关注点是多元的。我们很难沉浸在那些"正事"里。但要适当地去培养这种"热爱"，尤其是设计，是需要坚持的，因为作为一种固有能力，设计力不是画出图和方案就可以了，那仅仅是表达，在表达之外还有更多看不见的东西。设计力的养成需要跨学科、跨专业、多角度地学习和积累。我们要做好数十年甚至终身学习的准备，由表及里，经历岁月沉淀的设计师的作品会散发出岁月的光芒。

这些恰恰需要最初的热爱来支撑我们走下去，也许世间的很多职业都是这样，需要热爱和坚持才能走下去，三心二意的话早晚会转行。当然，这一切都要符合你的人生理想。所以无论做什么职业都要勇敢地去做，不要纠结，不要后悔。

二、可以不够努力，但要不停思考

有时我在想（见图 1-9），如果我们一直以特别努力的姿态冲向目标，那么我们的人生上限将多么不可想象。这么做的人可能都成功了，但成功的人毕竟只有少数，出身、资源、个人天赋、机遇把握等，注定了更多的人将会相对平凡地度过一生。在有限的时间里，做到努力和勤奋思考是非常重要的。

图 1-9　思考图

努力并不是每天必须画几张草图，或者出几个方案；努力也不是每天必须掌握多少知识，涉猎多少网站；努力更不是每天都晚睡早起。我想说的努力，是思维上的努力，这往往容易被很多人忽视。

有些人看起来每天都在奋斗，趴在桌前或电脑前，目不转睛、聚精会神地奋笔疾书或敲打键盘，一副非常努力的样子，有时自己也会沉醉于这个努力的自己，然而意识的放空让你效率低下，只是在机械地重复会的东西。其实努力不应该发生在别人的眼睛里，应该发生在自己的大脑里。

尤其对于设计这个职业，思维的连贯性和跳跃性非常重要。连贯性是指当你在思考一个问题或一个方案时，需要一定的专注和连续的深度思考。如果随便一想就能出来，那其他设计师也可以，或者这么多年早已有很多设计师对同样的问题做了更多的思考，那你的方案如何能脱颖而出呢？所以深度的思考非常有必要，是一个好设计的前提。跳跃性是指设计师应该时刻保持跳跃性的思维。例如，你在走路时，忽然看到一个小鸟在路灯上，是不是可以设计一款小鸟形状的路灯，这个路灯是否应该有其他功能（如是否可以解决路灯下的人总会被鸟屎砸到的问题）。看似随意一瞥，可能有非常棒的想法诞生，所以不要小看设计师的跳跃性思维。

某次我在和一个设计师朋友吃饭时，他忽然盯着店员新拿上来的旋转盘子看，然后疯了一样地大叫"有了，有了"。原来是他当时正在进行一个项目，卡在了运动形式上，而这个盘子瞬间给了他灵感。与其说是盘子触动了他，不如说是他的大脑时刻准备着去接受类似的信息。无论何时何地，保持跳跃性的思维，好的创意就不会离你太远。

三、"杂食动物"

产品设计无疑是一个跨行业、跨物种的新型职业。虽然其诞生已有百年的历史，但面对当今日新月异的变化，没有一个职业可以高枕无忧，产品设计更是首当其冲，需要设计师一定要具备"杂食"的素养。

所谓"杂食"，不仅是看得多，而且要了解得多、消化得多。我们日常中接触的产品五花八门，从材料的角度有塑料的、木头的、铁的、布的等；从产品类别的角度有日用品的、家电的、穿戴用品的、礼品的等；从加工工艺的角度有削切的、注塑的、钣金的、热熔的等，不同的时代有不同的工艺。不同地区的不同产品要用不同的材料，而不同的材料背后又有很多的限制与要求。另外，设计师还应涉猎结构学、力学、物理学、化学、空气学等知识。

产品设计师是一个看似偏艺术，实则偏理工的职业，他们要具备多种知识储备，是全方面人才。有的设计师发现自己口才好，继而做了商务工作；也有的设计师因为逻辑感强、善于思考、善于规划，转投品牌工作。

如果说有一种人什么都会的话，那可能就是产品设计师了。但为什么什么都会的产品设计师竞争力低，转行的也越来越多呢？归根到底还是自身的基础素养和能力不足，学校阶段无法培养出更全面的产品设计师，上面提到的每一部分能力都可以结合，在至少拥有 2 种能力之后进行深入，那样基本上就是不错的设计师了。所以看似设计师学的是设计，其实设计师学的是设计之外的知识。

四、从网瘾少年到游戏思考者

我从不因当年那些碌碌无为的时光而悲伤，也不因那些带来快乐的时光而窃喜。

很多年前，我认为如果有一天我不能成功，那么一定是因为我自己不够努力。很多年后的现在，我还基本保持每天玩一小时游戏的"不良爱好"，唯一不同的可能是我逐渐由网瘾少年蜕变为"游戏思考者"，见图 1-10。

图 1-10　"游戏思考者"示意图

人的兴趣分很多种，有思考读书、健身运动等，这些兴趣在短期内是痛苦的，其快乐是未来的一种更高层次的追求和幸福感；也有玩游戏、娱乐、闲聊等，其快乐是短暂的、强烈的，是当下让大脑兴奋的一种刺激。很多时候我们纠结于是沉迷于当下的一时快乐，还是痛定思痛投入更高层次的幸福追求中去。我最终选择了较为适中的一个区间，在保持当下的兴奋感和刺激感的同时，又能养成读书、健身的习惯。事实上这也仅仅是一种说辞，没有人敢承认这其中没有影响。

如果你能把一生的时间都用来学习、健身，那听起来确实是一件很美妙的事情，但可能你不会快乐。所以快乐也很重要，人之所以痛苦就是因为有选择，有选择就会有得到、有失去。这一方面要结合自己的人生理想和追求，另一方面要匹配自己的性格爱好和生活经历。我个人是比较随意的，坦白说我不是一个自律性和进取心特别强的人。我是个会为自己找借口的人，所以这么多年，通过不断地自我宽慰，过得还算快乐。当然，如果你能够乐于去做那些高级的爱好，并沉醉其中，那我想你一定会有更多的收获。

我记得，在大学时打游戏，会追求装备等级、团队配合，会因为队友的失误而愤愤不平，也会因为等级的提升而开心不已。毕业后，玩游戏更多的是怀念和放松，游戏所带来的成就感和刺激感已经无法满足我的欲望，只是在繁忙工作中的一种释放和休息。后来我看了《游戏改变设计》这类书，开始思考游戏的本质及让我着迷的原因，思考游戏里奖惩机制的设计、玩家动线、游戏的色彩画面及声音的配合，知道了游戏对人类的重要性和对社会、生活的意义。记得有一次在和一个客户提案时，项目停滞在一个产品如何打开的环节，我忽然想起之前玩过的一款游戏中一个关卡的一个装置是如何打开的，然后结合目前项目的情况滔滔不绝地讲了起来，顺便把草图也勾勒了出来，大家都觉得不错。于是问我怎么想到的？我嘿嘿一笑说是从游戏里学的。另外，游戏之所以让人沉迷，一定有它深层次的逻辑和道理，我们需要在玩中学、玩中思，这样才不算浪费青春。

因此，关于是否要玩游戏如果你现在还在纠结，请不要纠结；如果你现在还在痛苦，请不要痛苦。玩游戏也有可能让你找到新的灵感，当然不能过度，要控制好时间，毕竟久坐不利于健康，愿你快乐游戏、快乐生活，做一个快乐的设计师。

第三节　为谁：
我们为谁而设计

　　从大学时开始接触设计，到现在面对不同的需求方，我们的设计方向和考虑也许会随之调整和有不同侧重（见表 1-1）。知己知彼才能百战百胜，生活如此，设计也是如此。

表 1-1　大学期间和从业期间设计需求方的变化

需求方	大学期间	从业期间
企业		√
政府		√
民众	√	√
报奖	√	
研究	√	

一、大学期间

（一）为研究做设计

　　我们需要清楚究竟为谁做设计，需求方的主体在一定程度上会影响设计的方向。在学校学习设计时，老师会安排课题和作业，这时需求方的主体就是老师的需求，或者说围绕着这个课题需要我们掌握的能力。

　　记得在上学时，有一个认识材料的课题，这个课题需要我们把自己对材料的理解展现在一张 20×29 的黑色板子上。有同学把吸管切成丝排列出来，有同学把木屑展示出来，甚至有同学把薯片烧焦，老师都给了高分。通过对身边一些材料的观察和对其肌理的重塑，并通过某种排列达到某种秩序，让材料实现了一个全新的生命。通过这个课题，我们更加深刻地了解了材料及材料的特性、材料的可能性，思考问题的角度也不再仅仅是表象的。换个角度看，我们身边的材料其实有很多可能性，设计师有能力和责任去打破、解构这些材料。

（二）为报奖做设计

在学校期间，我们经常会参加一些国内外的比赛，有一些主题性的如"五金杯""海峡杯"或"红点 IF"等国内外的比赛，有的限定方案类别，有的不限品类。如果我们参与比赛，那么需求方就是大赛的评委或组委会承办单位等，大赛的理念主旨、要求就是我们需要考虑的点。如果要求很宽泛，那么就假想这个用户是我们的需求方。例如，我们设计了一款便携式空气净化器，它是在车内和户外还有移动场所使用的，它的需求方就是我们的假想用户。如果是"五金杯"这样的比赛，那可能设计的用户需求方就变成了提出要求的单位，我们需要在很大程度上向大赛要求做倾斜。毕竟参与比赛，一方面是为了展示自己的设计实力，提高经验；另一方面也是希望能够获奖，得到认可，得到一部分奖金。

（三）为目标用户做设计

我经常讲以人为本，设计尤其如此。设计大多针对以人类为主体的用户，当然也有除人类以外的一些动植物等。我们大部分时间所做的方案可能是无拘无束的，如果需求方没有给予我们限制的话，那么我们需要寻找设计方案的目标用户。在明确为哪些目标用户做设计之后，我们就可以针对目标用户的特点来设计。

二、从业期间

（一）为企业做设计

毕业之后，需求方发生了变化，大部分时间我们将会为企业做设计。不论是在企业里做设计，还是在设计公司为企业做设计，都属于商业项目，我们的设计最终会落地，会流向市场。这里需要注意的是，不同的企业有不同的需求，不同的需求又有不同的侧重。

例1： 当我们为一个企业做一款需要参加展会的小产品或小展台时，企业对质量要求不是很高，但是对成本限制要求很高、对时间要求很高，所以就需要把握客户的核心需求，在想法和创意上不用特别费时费力，而是在成本考量和加工工艺上去更多地把控。在客户的展会上，拿出满足客户需求的产品远比在这之后拿出更好的产品更重要。

例2： 客户要研发一款产品，这款产品是未来几年他们的一个主打项目，是公司的主营产品。这时，客户对于设计的期望值就会非常高，给予设计师的发挥空间和支持力度也会非常大，时间一般也较宽裕，那么我们就应该聚焦于核心创意、设计的质量和市场，而不是优先考虑成本和落地性。

例3： 客户想改良一款产品外观，仅仅想要一个漂亮的壳体，并不想更改产品里面的任何元器件和电路板等，需求很明确，不想增加不必要的成本。这时，我们的方案就应该聚焦于：在产品现有内部堆叠不变的情况下，如何让其外观更漂亮。例如，出3个方案，那么至少有2个方案是按客户要求来做的，另外1个方案可以稍微调整一点内部，但要保证它与众不同、更漂亮。客户这时可能会有两种反应：一种是，觉得前2个方案很好；另外一种是，觉得第3个方案好，为了有更好的外观，就算成本增加也可以接受。其实有些客户不懂设计，会在设计工作一开始，就把方向限制死，当我们分析、对比之后可以给予一些专业的建议。

（二）为政府做设计

很多需求来自政府，来自一些事业单位。例如，我们之前参加的冬奥项目、国庆彩车项目，以及一些院校单位的科研项目等。这就需要设计师具体问题具体分析，站在需求方的角度想问题。例如，在设计国庆彩车项目时，站在政府角度，彩车需要体现主题，表达新时代的特征和变化；站在群众角度，需要考虑情感释放和爆点；站在导演角度，需要考虑是否融于整个舞台；站在外宾角度，需要考虑表达是否凸现我国特色，等等。再如，为冬奥会做设计，需要考虑奥林匹克精神、中国特色，以及冬奥会的主旨等，限制多了，舞台大了，对设计师的考验就也多了。

无论做什么设计，先找对需求方，确定到底是在为谁做设计，精准定位，那么设计就成功了一半。

（三）为新中国第一条地铁的安全门做设计

2015 年，是我来北京的第 2 年，我为这座古老而又现代的城市的第一条地铁设计了半高安全门，帮助客户成功中标。安全门不同于其他产品，安全性要在设计感之上。

1965 年，中国修建了 1 号线地铁，1969 年正式通车。从历史的角度来看，当时的技术层面和认知水平考虑不到当时及未来会安装安全门的情况。早期 1 号线地铁主要为政府公用如在国庆时运输阅兵部队，而现在 1 号线已经成为北京市民每天出行的交通线路。从人们在站台前等待地铁进站，到随着安全门和车门的同步开启进入车厢到达目的地，或许大家未多加留意，但是地铁安全门却是地铁安全中最重要的配套设施。然而在北京这座历史之城，1 号线作为建成最早的地铁线路，却因隧道通风、站台承重、土建基础、列车停站精度等多种原因迟迟没有安装安全门。

1 号线地铁是北京所有地铁线路中意外或人为事故的"高发区"，从建成到现在共发生了 21 起自杀事件。当出现闹事、自杀等情况时，列车将会强行被停滞等待处理。这些问题影响了公众的出行，浪费了公共资源。而安全门可以有效避免出现此类问题，从而保证公共秩序。

在这个设计项目中，一方面我们要帮助客户中标，另一方面我们要从乘客角度出发，从 1 号线地铁车站内部情况出发，当然这两方面有很多地方其实是一致的。接下来让我们看看，具体的设计历程是什么样的。

首先，经过几周的地铁站内实地调研，我们总结出了多个安全门设计点和乘客需求点（见图1-11）。事实上，围绕着每天高频次接触的地铁安全门，人们会有很多不良的使用习惯，例如，倚靠或放置物品，甚至把手搭在上面，虽然车站内的广播一直在播放安全须知，但仍有乘客下意识地做一些自己都没有觉察到的危险行为。另外，安全门的开合细节、指示灯的位置及亮度，都需要考虑，只有仔细思考，才能在满足乘务人员要求的同时，又让乘客安全、舒适。

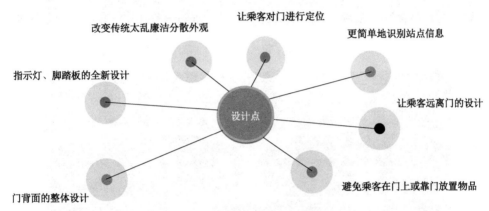

图1-11 安全门设计点和乘客需求点分析

针对安全门的设计随之展开，最终我们提供了 8 个设计方案（见图 1-12），但提案的效果和反馈并不好，客户说我们的设计方案太平了，可以再大胆一些。这时我们发现客户也想做一些突破，并不是传统的保守型客户。

于是，我们的第二轮方案更加大胆，并没有考虑过多的材料工艺限制，客户从中选出了较为青睐的方案二（见图1-13），并进行深化。当然最终的方案和方案二差别很大，但在这个阶段里，我们得到了客户的认可，这是具有里程碑意义的节点，使项目顺利进入下一个阶段。

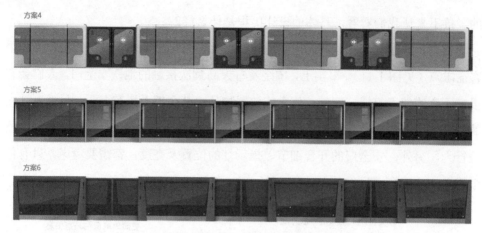

图 1-12　第一轮设计 2D 草图

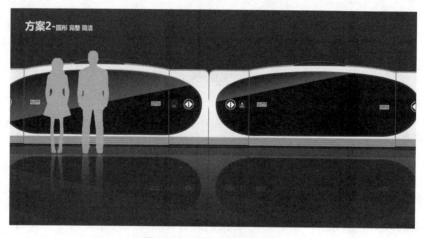

图 1-13　第二轮中标方案

　　方案二中的形式和创新的曲线运用，从成本和安全的角度来说，都无法实现。于是从这个时候开始，我们和客户共同的需求方变成了政府，招标文件的要求就变得尤为重要，如何把方案二改成符合要求的方案呢？这期间经历了几个月大大小小的修改，终于设计出了定稿效果图（见图 1-14）。客户拿着我们的设计去投标，并中标。

　　这次成功离不开对政府要求的把握和对客户心理的揣测，设计师不是神，做出的方案不可能谁都喜欢，把握需求方的核心诉求才是关键所在。

图 1-14 定稿效果图

半高安全门有别于全封闭安全门，一般高度在 1.5 米左右，有易于安装等特点，但同时存在易被倚靠等不安全因素，所以在设计之初，我们将乘客的安全作为第一设计要素，上顶面做了斜角处理，这样可以防止乘客将物品放在安全门上，并防止其倚靠；门两侧的侧盒做了圆角处理，让乘客在挤地铁时，不会被拐角阻碍刮到；指示灯及玻璃背面丝印配合整体呈现圆润风格，让安全门更显亲和；整体材质做磨砂处理，让乘客在快节奏的都市生活中找到一丝安静和亲切（见图 1-15）。

图 1-15 上品设计 1 号线地铁安全门设计案例

这时，还面临一个问题，就是从设计效果图到实际加工生产的落地，要经历一些妥协。首先要符合安全规定，然后才可以安装。前面提到，1号线地铁作为首都建成最早的地铁线路，却因隧道通风、站台承重、土建基础、列车停站精度等问题一直迟迟没有安装安全门，所以在最终安装时，需要让方案更安全，这时设计师的话语权变弱，工程师开始主导项目。

虽然在最后的落地阶段，设计师淡出项目，但对于项目本身而言，两次的需求方把握，让这个项目顺利落地，设计师已经做到了该做的事。

此次安装的安全门起到了重要的作用：一是节能作用，1号线地铁的所有轨道主要通过第三轨道导电，然而1号线地铁安装安全门的优势在于一定的空间内可产生空气截流，有了截流就能产生节能；二是解决了噪声问题，尤其是在地铁进站时可以有效地帮助乘客避免大量的噪声；三是提高了地铁停靠的精度；四是间接的保护作用，如果在地铁站内发生火灾或临时调动，安全门可以起到保护作用，通过关闭安全门让地铁直接通过来提高整条线路的安全性。

经过半年多的设计，我们终于为这条47年没有安全门的地铁线安上了安全门。当然，即使没有我们的设计，1号线地铁早晚也会安装上安全门，但作为城市安全方面的大项目，设计师参与其中就是一种责任和担当。

安全门最终落地的样子和之前的效果图有差距（见图1-16），但可以接受，把握核心需求方的诉求，精准定位才是最重要的。设计师也要做好心理准备，有时并不是百分之百还原就是好的，也不是所有项目都可以百分之百还原。

图1-16　1号线地铁安全门实际拍摄

■ **第四节** 用户：

找到对的用户就成功了一半

一、用户是谁

在上一节里，我们说到了设计的定义，提到了设计是一条有方向的线段，有起点、有终点。项目想法的产生可以看作起点，这个起点可能是设计师，也可能是产品经理，还可能是一个跟设计无关的人。用户，是整个产品链条的终点，对用户负责即对终点负责。在做设计时，我们要时刻把握对终点负责的原则。

百度百科给"用户"的定义可能更偏互联网一些，在互联网思维广泛传播的今天，我们需要重新澄清一下，这里所指的不仅仅是互联网思维中所提到的 UE 和 UX 的用户体验。围绕着产品的使用，这里的用户更多的是指使用者。使用者与产品发生核心交互时，围绕着设计师构建的场景解决方案。设计师是必要参与者，用户才是真正的焦点。

无论是做产品还是做 App，用户的地位被一再推高。当我们躺在家里玩手机或在某一个场景里与产品发生联系时，殊不知早已掉进设计师的"圈套"。在设计师大部分的职业生涯里，他们每天都在研究人的思维、习惯、逻辑、下意识等诱发行为的机会点，有时用户可以自我发现地觉醒，有时永远都不会在意。好的设计师一定是有心的用户，善于发现用户的痛点，总结需求，构建使用场景，最终与目标用户形成一个完整的闭环，所以设计师要经历丰富，并且用心生活。

我为大家梳理了简单的设计项目流程节点图（见图 1-17），从一个想法到用户使用再到售后，是一个完整的闭环过程，项目过程中的每一个环节都会影响产品和项目的最终走向，每一个环节都有存在的必要和道理。很多设计师由于对设计项目流程不了解，往往会沉浸在自己构建的用户使用场景里，而忽略整个研发链条对项目的影响，后面我们会详细讲到。

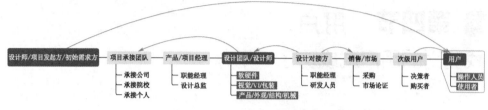

图 1-17　设计项目流程节点

二、用户 VS 客户

　　我们经常会混淆的一个概念是用户和客户，那么究竟用户和客户有什么区别呢？客户是为产品或服务买单的人，是对产品或服务形成服务请求和达成买卖关系的人或实体。用户则是使用产品或服务的人，和产品或服务产生直接的交互过程。客户一般关注的是价格和效果，而用户对产品的关注点是好用、简单、提高效率、带来便利，产品最终是为用户服务的。

　　用一句话来概括，客户就是买单推进者，用户就是使用者。其实在更多意义上，用户往往和设计师并没有直接的联系；但是客户往往会和设计师有非常直接的联系。例如，老师让我们做一个比赛，这个时候，客户就是比赛的大赛评委和组织。而真正的用户是我们方案中的一个假想的使用者，这时就能轻易把用户和客户区分开。又如，一个企业要研发一款产品，客户找到了我们，这个时候企业的项目或产品的需求方就是用户，就是目标人群，就是针对这款产品展开的使用者。设计方案探讨画面见图 1-18。

　　好的设计一定是围绕着用户和客户同时展开的，即使产品被客户买单，但最终用户用不起来，那么这也是个失败的产品。我们需要平衡的一个点是，通常设计师需要听客户的，然而真正的用户往往无法发声。我们要通过自己的经验及设计的思维，去引导客户最大化地实现客户及用户利益的兼顾，同时用我们的理论体系、知识来进行精准洞察，构建起和用户链接的桥梁。

图 1-18　设计方案探讨画面

不管处在设计师的哪个阶段，我们都应该形成以用户为中心的思维。一个好方案的落地一定是围绕着懂设计、能够进行良好沟通的客户和用户，以及能够引导积极客户的设计师构成。

三、如何找到对的用户

在设计界有这么一种职业——用户研究师，简称用研。他们研究的对象是用户，目的在于了解用户的特定需求、使用场景及用户如何与产品或系统进行交互；或者聚焦目前的产品使用过程中的痛点和需求。简而言之，用户研究师要解决的问题是：用户的心理诉求、难点和使用习惯等。

用户不会在你得见的地方等你，也不会主动说出你想听到的对产品设计有指导意义的话，所以需要我们去找到对的用户，并通过合适的方法得到我们想要的结果。同样，用户只能对目前使用的产品提出使用体验及需求反馈，但如果你要做的是一个全新的来自未来的设计，那么需要重新研究创新的曲线，这个时候用户的作用就微乎其微了。

很多设计师包括客户在进行最初的产品定义和设计规划时，经常会想得非常大而全。我想起 19 年在和一个做包的客户聊天时，我问他目标用户是谁，他说年轻人。如果说这是 20 年前，更多消费者停留在"用上包"的阶段，那么无疑他的产品定位还是可以的，但在消费升级的今天，行业被无限细分，人群也被无限细分，所以无法找到精准的目标用户肯定是不行的，除非走低成本和拥有广泛接受度的产品，如小米等。这位客户所提到的"年轻人"其实是一个数亿级的超大体量，里面有男性、有女性、有学生、有职业者，根据兴趣爱好、地域等又可以细分。当然如果客户说我就想做一个包，让尽可能多的人买，也是可以的，那就回到了批量生产的老路。没有问题，这些年我们就是这么走过来的，那就要做到质量好、价格低、性价比高，同时形成一定的品牌知名度，这样才有竞争力。

图 1-19　研究创新曲线示意图

记得有一次一位设计师跟我说想做一款给老人用的拐杖，这个拐杖是智能的，同时具有吃药提醒、时钟、一键报警等功能。在有了产品目标用户之后，他就去找一些老人做用户调研，得到的反馈各式各样，腿脚好的居家老人说我基本不用拐杖，敬老院的老人说充电太麻烦，有老伴的老人说有老伴搀扶和提醒，拐杖只是辅助。那么在找到目标用户后，我们如何锁定最核心的人群呢？第一，去功能、做减法，一个设计最好不要超过 2 个辅助功能和 1 个主打功能，否则就会太复杂。尤其对于老年人，更是消费成本和学习成本的双重压力。第二，关注核心问题点，你的设计到底是一个有吃药提醒的拐杖，还是一个可作为拐杖使用的吃药提醒器。前者更侧重于拐杖，后者则侧重于吃药提醒，定义不同，关注解决的问题点也不同。第三，围绕核心关注点确定目标人群。目标人群越具体、越精准对设计的落地及设计的依据来源越有效。这就是为什么这位设计师得到的答案太分散的原因。

找到目标用户的前提是确定核心功能，当然反之也可以，例如，先确定目标人群，根据目标人群的反馈再进行深入的产品定义。于是，这位设计师又来到了养老院，他决定做一款符合养老院老人使用的智能拐杖。这次他先了解需求，通过问卷、采访等调研方式，知道养老院老人需要的是一个方便放置且不易拿混，操作、充电简单方便，最好能语音提示的拐杖。所以设计师一定要"从群众中来，到群众中去"，找到正确的用户，用对的方法做用户研究，才能从真正意义上指导设计。

四、用户研究如何指导产品设计

对于用户研究如何进行指导设计，我为大家带来了一个完整的案例。

2015 年年初，我们接到了一个来自餐饮行业客户的求助，希望可以开辟一条新的快餐品牌业务链条，设计一款一次性餐盒。下面来看看我们是如何进行用户研究，以及用户研究是如何指导设计的。

首先，我们并没有一上来就去着手设计，而是预留了用户研究和体验研究的时间，目的是了解用户真实诉求，以指导产品的定义，为设计打下坚实的基础。也非常感谢客户对我们的理解，对用户研究的必要性非常认同。这个阶段由用户研究组和设计组共同参与完成。用户和体验研究设计草图见图 1-20。

这是一款即将集中在北京某 CBD 地区售卖的白领工作餐餐盒，以解决人口相对密集的写字楼里白领吃午饭难、吃得不健康等问题。我们要做的不仅是一个餐盒，而是一个健康的载体，在确定这个思路后，我们开始了用户调研。

图 1-20　用户研究和体验研究设计草图

（一）调研阶段

调研初期我们采用了比较常见的几种调研方式：①问卷访谈；②近距离拍摄；③录音访谈；④神秘客户观察；⑤融入实际，场景体验；⑥关键节点拍照，等等。

每一种调研方式都有独特的技巧，需要设计师加以把控。例如，我们通过观察梳理了整个订餐流程：明确需求→信息收集→购买决策→支付→取餐→餐前准备→用餐→餐后等一系列过程。每个阶段又都有属于自己的不同属性。例如，明确需求阶段：

①随时接受订单（消费者会临时性地产生订餐需求），②调节心情（天气、心情等因素对消费者的订餐需求产生直接影响），③增进同事感情。再如，餐前准备阶段：

①就餐环境狭小；②餐盒、餐具开启困难；③开启餐盒时，易弄脏衣服或办公区；④难以分辨筷子头；⑤餐盒里的菜品与菜品海报差异太大；⑥餐盒沾上水蒸气、油渍等，影响食欲；⑦四处找纸垫在桌面上，等等。可见，在吃饭这件事上，还是有很多细节需要考虑的。人们与餐盒发生的交集，也不仅是打开扔掉而已。

通过到实际目标地的调研，我们更加清晰地了解了产品使用场景的特点、使用人群的真实需求，见图 1-21。通过对用户的科学组织和调研过程的把控，我们得到了用户的最大限度配合和认可，得到了就餐者、订餐者和外卖小哥的高度配合。最终收集来的有效数据够多，为之后的分析打下了良好的基础。

图 1-21 实际目标地的调研

（二）分析过程

在分析从订餐信息收集到餐后收纳的一系列过程后，我们更加聚焦于每一个用餐过程中，寻找用户的真实诉求及未提出的诉求。分析用户在吃午饭中的一些下意识行为，一些隐性需求，一些心理需求，从而进行更全面的总结。例如，有些用户喜欢边吃饭边看手机，我们是要鼓励还是限制这种行为？通过设计如何在餐盒上来影响这一用户行为？还有用户喜欢分享自己的饭菜给同事，我们又该如何看待这一行为？

我们还针对几个目标用户拍摄了视频，总结一位用户的用餐时长及频率，在被摄对象短短 8 分钟的吃饭时间里，一共低头吃饭 13 次，平均 10~20s 一次，喝过一次茶，总用餐时间 6 分钟，看计算机 2 分钟。

通过调查可以发现，其实平时我们真正在吃午饭上花的时间并不多，或者说比想象中少很多。我们吃饭时的注意力是不集中的，尤其是在工作环境里，很多人"速战速决"或是"三心二意"。

通过对上面的分析，我们最后画出了期望与评价的坐标系图，以更加直观地表达用户的反馈。从评价和预期两端分析了现有用餐环境和选择中的用户真实诉求；从用户研究的角度给予项目方向，给予设计方向。

上面是我们围绕着"设计是解决问题"这个思路展开的总结，从用户调研问题，到消费者预期，再到解决思路，形成一个完整的闭环。让这次调研可以从更多意义上指导设计，后来的设计方案也是沿着这次调研的方向和分析出来的问题点来做的。所以依据就来源于客户的真实诉求，用户行为也发生在产品的使用场景中。他就在那里，等待我们去挖掘、去分析。

我们可能无法通过一个小小的餐盒来改变世界，但可以让放进里面的食材更加新鲜，使用更加便捷，体验更加舒适，用户更加健康。

■ 第五节 极简：
在有限的空间中寻找无限的可能

一、现代极简主义

什么是极简主义？用最少的东西使生活变得更好，这是极简主义者极力推崇的一种哲学思想。一张双人床、一把扶手、一张茶几、一盏落地灯……除此之外，戴维·舒姆伯特的屋子里空无一物，他所追求的就是一种典型的极简主义的生活方式。

"极简"作为当代设计发展的主流趋势，其核心的特征是简约而富有意义，追求功能化与艺术化结合的简单和纯粹。极简主义设计绝不是偷工减料，也不是技术上无法实现烦琐，而是有意义地让所有减法操作围绕中心思想，从而突出真正的设计意图。

有人在生活上做减法、做极简，他们不做无效社交，穿衣简洁，思考简单饮食清淡；有人在工作中追求极简。他们行事果断，条理清晰、桌面整洁、文件归档一丝不苟，所以极简是一个形容词，它可以用在任何名词之前。我们今天主要介绍的是时下比较流行的设计中的极简主义，也许掌握这一不二法门，你就可以勇闯设计圈。极简设计示意图见图 1-22。

图 1-22　极简设计示意图

　　极简主义是生活及艺术的一种风格，本意在于极力追求简约，并且拒绝违反这一形态的任何事物。与之对立的是装饰主义。极简主义设计风格是不少设计师偏爱的风格，其设计创意带给我们的影响是巨大的，尤其是生活用品，最典型的品牌就是宜家。

　　日渐拥挤的城市空间带来的是极简的盛行，在有限的生活空间里，设计师化繁为简，用简约的设计语言为我们带来了集美观与功能性于一体的极简的产品设计。保持简单，是打造极简风格的第一要义。在设计过程中，需要始终遵循"少即是多"的黄金法则，抛弃一切冗余的元素，从色彩到形态，再到细节，最后回归最纯粹的本质。如今，设计的可能性已经不再靠做加法来实现，更多时候是靠做减法来实现，这样才能满足当代人的集体审美需求。

　　对于产品设计里的极简，可以这样理解，以前我们做设计时会将它做得很复杂或看起来很复杂的样子，让消费者觉得物有所值，或者觉得功能强大。而现在，随着科技的发展，更多的产品拥有了充实的内核，所以从外观层面来说，消费者更需要的是符合其审美、符合其使用习惯的产品，而不是一个看起来复杂的产品。

二、简洁≠简单

　　和"极简"相对应的另一个我们常用的词是"简洁"，这里着重说一下，简洁不等于简单，很多设计师由于缺乏经验，容易瞄着简洁的风格做出简单的东西。

我们通常意义上所说的极简和简单，完全不是一个概念，和它更接近的是"简约"，我们常说"简约而不简单"，就说明了简单和简约不是一回事。

很多设计师容易把简约做成简单，恰恰由于他们对产品的理解，对结构、材料、表面处理的了解不够，对所做过的产品的经验不足而导致的。他们只学了一个样子，设计出来的东西看起来比较简约，实则缺乏考究，最终呈现出来的效果就只剩简单了。简约设计示意图参照图1-23。

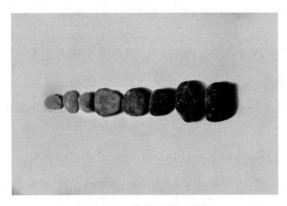

图1-23　简约设计示意图

真正极简的东西，追求的是一种极致。这种极致是通过做减法来实现的，设计师用最少的元素，最少的线条轮廓的变化，最简洁明快的分割、最原始的几何体来凸显产品的细节。在极简设计里，产品的每一个细节都需要市场机制的佐证和设计师的深入思考。所以，很多时候设计师在设计时并不是缺乏对美的理解，而是缺乏一个反复推敲与找寻的过程。

在之前的一些项目经历中，设计师经常会把简单的方案归结为极简，比如他们在讲述方案的时候会跟我讲，这个方案是极简风格。其实当说出极简两个字时，他们的语气很不自信。简单的方案如果没有达到一个极致的表现，或者设计师没有把灵感、元素、整体视觉运用到极致，那就不能称之为极简。

苹果的产品之所以受到青睐，是因为它把有限的元素做了极致的运用，简单的轮廓里蕴含着设计师非常深入的思考，同时配合了强大的软、硬件生产团队，让我们感受到了工业设计的极致体验。

我们都知道极简的东西一定是美的，同时极简的东西也一定是自信的。远看时被它的轮廓吸引，近看时被它的构成感动，细节融于整体，没有一丝多余。

给大家分享一个我之前做过的小项目：雾霾口罩的呼气阀设计。

第一版方案如图 1-24 所示，我们希望做出仿生鱼的感觉，因为呼气阀代表呼吸，就像鱼的"腮"一样，同时鱼的形态很优美，客户也觉得不错。沿着这个思路继续深化时，客户又说有点复杂，最好可以再简单一些，于是我们进行了修改和调整。

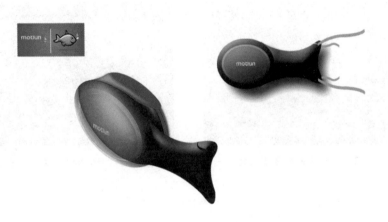

图 1-24　鱼形呼气阀 2D 草图方案

第二版方案如图 1-25 所示，我们掉到了简单的怪圈里，没有那么多推敲的外轮廓，仅由一些简单的几何元素构成。客户看完之后说"少了点意思"，我们也觉得很一般。其实，在设计之路上，真正难走的一段路就是从简单到简洁。世界上没有轻而易举就做好的设计，也没有不加思考就非凡的线条，有的是反复推敲、思考，从头再来。

图 1-25　鱼形呼气阀"简洁"版

后来我又深化了两个方案，如图 1-26、图 1-27 所示。客户选择了 A 款，因为觉得 B 款的线条还是太多，这时我们在揣测客户心理的同时，也在向更加简洁靠拢。

图 1-26　鱼形呼气阀调整 A 款　　　　　图 1-27　鱼形呼气阀调整 B 款

最终，我们把设计方案做了以下修改：4 个指示灯变成了一个；把 logo 缩小；放到了右侧，除 logo 以外其他都改为白色，使呼气阀和口罩整体相融合，如图 1-28 所示。这个方案最终得到了客户的认可，也使我们对极简的理解进一步加深。

图 1-28　鱼形呼气阀最终版

简洁并不是简单，简洁是把有限的元素变得生动、柔和、耐看；把减法做到极致，释放用户的视觉压力，用其他方式去感受产品，从而给用户全新的体验。

■ 第六节　涉猎：
警惕这个信息爆炸的时代

一、信息爆炸的时代

在互联网高度发达的今天，我们周遭充斥着太多的信息，当然，这有利也有弊。好处是我们可以通过多样化的信息搜寻途径快速汲取到大量信息，足不出户就可以了解世界任何一个角落的新闻。这些完全是我们的生活经验接触不到的知识，现在却可以进行更全面的学习，借此来开阔眼界，融会贯通。弊端则是会大量地占用我们的时间，同时地球被"拉平"，我们提取的信息更加相似在有效信息之外充斥着很多无效信息，需要我们去权衡、去取舍，这需要我们有自己的判断，这是信息爆炸时代所应有的警惕。所以，要成为不一样的自己，需要我们不断做出抉择。某一领域的资深人才越来越少，钻研的人才也越来越少，这些都是我们需要努力避免的方向。

我们常说 T 形人才，T 字的竖表示深度，你扎得越深，机会和潜力就会越大，需要做的思考也越多；T 字的横表示广度，你涉猎得越广，最终会形成一个圆，我称之为环 T 状人才（见图 1-29），就可以以更高的视野更全面的去看待整个行业，成为一个整合专家或是一个跨界的专家。

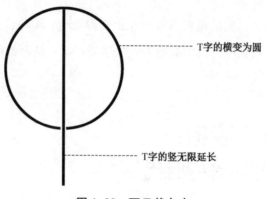

T字的横变为圆

T字的竖无限延长

图 1-29 环 T 状人才

各行各业都需要自我学习和自我思考的能力，产品设计更是一个要求广泛涉猎，有更多实战经验的专业，也是一个需要坚持自己的设计观点，并勇于提出新观点的职业，这就需要设计师有明辨是非、善于坚持正确方向的能力。如果你觉得一个方案，既没有坚持点也没有需要争论的点，那么这个方案也许不是一个好方案，好的方案一定可以让人充满惊讶，或者心怀感动。

二、信息归档

相信大家都经历过停电数据未保存的痛苦，也经历过电脑蓝屏的无奈。而设计作为一个越来越倚重虚拟数据的职业，对信息资产的保护尤为重要。设计师的信息资产保护有非常重要的两点：第一是文件的储存；第二是文件的整理。

储存可以分为归档和实时保存两种。归档很好理解，就是把文件保存下来，它的同义词为存档。对设计师来说，最重要的东西是什么？除了自己，一定是设计师的硬盘了，它就像军人的枪、清洁工的扫把一样不可或缺。它记录了设计师的整个职业生涯，是无形的资产，也是非常珍贵的财富。所以，建议每一个设计师都至少有 2 个硬盘，一个存放文件，一个用于备份。实时保存，就是做到哪存到哪，记得之前有位设计师为了提醒自己实时保存，在电脑上贴满了"Ctrl+S"。信息归档示意图见图 1-30。

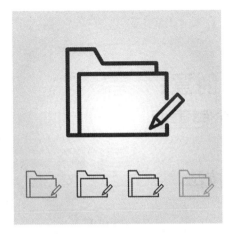

图 1-30　信息归档示意图

对文件整理习惯的养成，我非常感谢我的大学导师，从他那里我学会了初步的信息归档方法，按类别、名称、时间进行分类整理，文件命名也是如此。这样信息再多也不会乱，做的项目多了之后你会发现，设计师的一大部分精力耗费在寻找资料和查询文件上。所以，良好的文件命名整理习惯非常重要。有的公司可能会对这些有规范，有统一模板或格式要求；如果没有的话，就需要自己去有条理、有思路地规范整理。就像定期全屋扫除一样，定期的文件规整、更新也同样有必要。

曾经我以为设计师拼的是设计创意，后来我发现设计师的逻辑感、条理性也很重要。做设计步骤时，我们讲述方案的逻辑、把控项目的节奏都是非常重要的。记得曾经有一位设计师在做每周汇报时，每次文件命名条理清晰"时间+名称+事件"非常准确，邮件的细节也都没有问题，内容字体统一对齐且明确，给人印象深刻。反观另一位设计师文件名称是"副本2"，里面的内容更是宋体夹杂黑体，字体、间距不一，不久之后他就离职了。所以不要小看日常的信息整理工作，它可以帮助你养成好的工作习惯，同时让你和他人的文件交接顺畅，越是出色的设计师越会在意细节。在对待工作上，我们需要的是认真的人，而不是一个有个性、不拘一格的人。

■ 第七节 创意：
创意和技法哪个更重要

一、创意和技法

设计师是创意和技法相结合的一个职业，可以说创意和技法是设计师行走江湖的"两条腿"，设计师处于不同阶段，创意和技法体现的价值和侧重点也不同。

在设计初期，设计师刚刚接触设计，对设计的理解还不深，创意的完整性也不够，还处于方案需要"用嘴讲"的阶段，方案的原理和形式需要通过技法来表达。这个时候技法相对重要一些，设计师需要充分的表达才能够让方案从脑海中呈现到纸上、屏幕上。甚至很多设计师思考不够充分，需要借助图纸进行二次思考来完善方案，也就是说思维是断续的，创意受到了技法的限制。所以，对于初期设计师而言，技法非常重要。

技法包括很多方面，诸如手绘、笔绘、软件甚至模型制作等设计师必备能力，这些能力都是逐渐掌握的，并且随着设计经验的丰富会逐渐深化，到后来可以完全作为创意表达的载体，实现创意的百分百还原，这是我们的最终目的。

但对设计师的职业生涯而言，创意才是他们的核心竞争力。因为富有同样技法的设计师太多了，而方案的思考者只有一个，我们的终极目标是设计出独一无二的作品，而不是呈现一个很多人都能做出来的图或其他表达。以前很多人说的"我们是设计师不是美工"就是这个意思。美工可以不经过思考仅通过熟练的技能经验和技法把需求转化为图像或产品，最终目的是呈现；而设计师却需关注问题本身，通过自己的思考将解决方案呈现，最终目的是解决，二者有本质的区别。

创意和技法相辅相成，是让设计师游刃有余地进行思考和表达的连续过程，就像武侠小说里的内功和外功一样，都是行走江湖的利器。你可以根据自身的兴趣和特点择一深入，例如，内功创意深厚型，分析问题深入浅出，创意十足，方案构思完整，适合与外功技法强悍的队友合作；也有的设计师表现技巧非常厉害，效果图排版做得特别好，即使方案差点意思，也会收获很大的肯定，毕竟在设计的初期，很少有非常成熟且富有创意的方案，所以大部分设计师都在强化自己的技能、技法。接下来，我们看看对于产品设计师而言，软件应该如何选择。

二、软件选择

设计师使用的软件就像士兵使用的武器，假如你会使用很多种武器，那么你所面对的战场范围也会无限拓宽，而且不同武器之间会带来不同的作战模式和思路的升级与关联。对于初级设计师而言，软件选择是一项非常必要和核心的技能。设计软件界面见图 1-31。

图 1-31　设计软件界面

我在学习软件的过程中，有 2 个阶段。第一个阶段是在学校，老师教什么学什么；第二个阶段是毕业后，职场需要什么就学什么。

具体来说，工业设计应该如何选择软件呢？

在学校时期，因为你的作业和作品的要求并没有达到商业级的标准，所以在会用的前提下，如果能更进一步学习当然会更好，但大部分同学都是浮于表面，仅会一些基础命令。

我在大学的时候就选择了设计四件套：Photoshop、Rhino、KeyShot、AI 这 4 款软件。Photoshop 是二维绘图软件，配合手绘板异常强大，不管是在前期方案绘制还是后期修图排版，都是一个非常好用的软件。当你前期的创意通过手绘表达出来以后，就可以通过 Rhino 来进行 3D 模型的绘制，以便于更加直观地观察作品，再对你的作品进行 3D 建模的调整。Rhino 的优势就在于前期创意阶段能非常快速地将你的想法通过三维的模式进行展示，它的曲面建模模块也是众多软件中较为突出的一个优势。Rhino 适用的范围非常广，例如，家电设计、生活用品设计、家具设计、珠宝设计、鞋类设计、气模设计、游艇设计、参数化建筑设计、3D 打印设计等多个领域，同时它还有和众多的软件兼容的模式，有非常丰富的插件来帮助你完成你想要的作品。

当模型制作好之后，需要进行效果图的渲染，KeyShot 的核心就是互动性的光线追踪与全局光照渲染程序，无须复杂的设定就能产生照片般真实的 3D 渲染图像。它可以随着你对产品调整不同的灯光角度，快速计算并呈现出效果。可以做到所见即所得，作为最后的输出表达，它需要对模型摆放角度、场景布置做出事先调整，再对模型的各个部件进行材质调整，现实生活中的金属、塑料、木纹等都可以用它模拟出来。当材质模拟完毕以后，就是光影了。光影可以分为两种，一种是单纯的只针对产品自身表现的光；另一种是营造整体画面氛围的光。物体是通过光的照射产生的，所以调好光就成功了一半，KeyShot 大概是工业设计这门学科中应用最广的渲染程序了。

AI 作为一款矢量软件，对设计师后期比较有用，尤其在产品加工时需要出丝印，或包装要出矢量图时，同为 Adobe 公司软件，学起来也比较轻松，另外还有一款矢量软件 Corel Drow，南方企业使用比较多，相比 AI 各有优劣、精通一个即可，无须纠结，另外还有血 AE、PR 可以配合效果图作动态展示的软件可以加分，看精力和兴趣灵活掌握。

当我们毕业以后，随着工作的要求，这时需要更加精通这些软件，因为它们就是你生产力的工具。

很多设计公司或企业进行招聘时，会有这样的要求：精通三维类软件 Rhino、Pro / E、SolidWorks 其中之一。前面我们讲了 Rhino 是一款前期创意类软件，那么 Pro / E 和 SolidWorks 是什么软件呢？它们属于工程类设计软件，通俗来说它们是对接工厂和生产的软件，因为它们都非常精确，且是复合生产的一些必要条件。

例如，工厂用的是 SolidWorks，如果设计师如果用的也是同款软件，那么在交接工作时会非常方便，非常高效。如果结构设计的同事用 Pro / E，你也用 Pro / E，那么你们中间将是无缝对接，从而大大缩短了工作周期。

三、"软件"和"硬件"哪个更重要

"软件"和"硬件"都很重要。我们常说的"软件"是设计师实现想法的虚拟工具，"硬件"是工具以外设计师自身具备的硬实力，并不是电路板之类的硬件、由此可以看出"软件"其实是依附于硬件而存在的。

其实软件也可以理解成一个产物的基础，我们需要为自己独立完成一个方案做准备。当然，如果你有一个好的团队也可以，但即使有这样的团队，你总需要一段和团队产生默契的时间，就算你有一个默契的团队，你还需要把自己的想法创意告诉他们。然而创意在你脑子里，你并不能百分之百地让他们知道你的设计点，这造成了大量的时间沟通成本。所以，基本的软件技能可以让你了解设计落地的过程，了解软件如何规范形体的产生。

硬件则更多践行了"打铁还需自身硬"的理论，所以从我的角度看"硬件"更重要一些，但更多的是"相辅相成"，比如"筷子"。

这是一个集合了中国古代先人智慧的创意产品（见图1-32）。筷子夹菜入口的这一头叫作筷头，是圆的。在八卦中，乾为天，天为圆，把"天"放进嘴里就是我们俗话说的"民以食为天"。筷尾的一头是方形的，在八卦中，坤为地，地为方。

从功能上看，一根主动一根被动，或者相互调换，从古至今，筷子就是这么配合起来使用的。最后，从制作来看，头圆尾方的制作，方尾还可以让筷子不会轻易从桌子上掉下去，确保了放置的安全。

当然，古人肯定没有软件来辅助设计，需要经过很多年的发展和尝试才能得到这样一个融入中国传统文化的"筷子"。在更早期的时候，筷子还没有这样的创意融入，或许它就是两根树枝，更或许就是一块石头。后来，它在满足了人们的当下基本需求后，加入了创意。好的创意一定离不开实践和多次的尝试，但可以确定的是，这些实践和尝试都可以离开软件的支撑。时代不同，人类的科技生活方式也不同。在当代，软件是最好的实现我们创意的一个途径，加工也需要图纸的支持。

图1-32　中国传统的筷子

所以，创意和软件是离不开彼此的，就像筷子少一根都不行。

"软件"和"硬件"对于设计师来说，都是非常重要的，如果创意是80分，那么融入软件的制作就可能会突破90分；如果软件弱的话，那么创意可能就是70分。那么，你是想及格？还是想要高分呢？

第八节 系统：

设计可能不是一张图

一、图像纪元已过去

目前依然处于图形图像纪元，因为我们无法脱离三维空间。我们无法不使用二维空间来构建自己的表达。很多设计师会说："设计没有图，算什么设计"，设计如果不拿草图或效果图来沟通，如何能让对方理解或了解你的方案和创意？如何让加工方加工呢？

从图形化到三维化确实是设计的一个重要过程。在这里我想强调的是，设计往往不以一个产品为最终交付物而展开，更多是为解决一个问题而生，或者为解决一连串问题而生，靠图说话的时代已经过去。

二、设计可能不是一张图一个物

分享一个我在大学时期的概念设计案例（现在看来就是某出行软件的原型，感觉错过几个亿）。相信大家在智能手机没有普及的那些年都遇到过打车不便的问题，我也一样，上大学时的新校区在郊区，打车很不方便，经常碰到以下几种情况：①一辆出租车也没有，②连续几辆出租车先后到达，③路过的出租车上有乘客。这对于乘客和司机而言，都是一种低效的表现。最主要的是，乘客打车的需求和司机寻找乘客的需求在这一瞬间没有完整高效地被解决，所以我进行了如下思考，并设计了版面（见图1-33）。

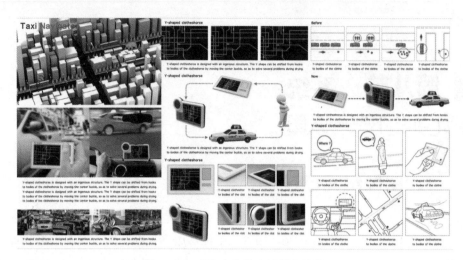

图 1-33　出租车找寻系统英文排版

　　一开始我并没有从产品的角度去思考这个创意，而是在想，对于乘客和司机而言，最合理的状态是什么样的？对于乘客而言，最合理的状态就是需要车的时候可以立刻打到车；对于司机而言，最理想的是可以立刻知道乘客在哪，并且使车达到最合理的状态，资源利用率最高（现在某出行软件的拼车模式）。围绕着这个想法，我觉得首先应该构建一个出租车自助找寻系统，通过这个系统，乘客和司机都能达到最理想的资源配比状态。

　　2010 年我还没有智能手机，当时并没有想到将系统两端的载体和手机相结合，于是我在出租车上设计了一款小屏幕产品，这款产品有定位及实时播报功能，它可以让司机实时看到街道情况，以及其他出租车的情况，例如，满载车辆为红色，载一位乘客为黄色，空车为绿色。这样出租车司机可以根据颜色的分布对自己的路线进行规划，减少跑空车的概率。同时，在乘客端也会有一个小卡片作为打车信号发出装置，当乘客有乘车需求时，站在路边按下打车按键，附近的出租车就会收到这个信号并前往。虽然这个设计方案并没有获得什么大奖，但在 10 年后的今天看来，当时的思考还是有一定的前瞻性。还有更多的是对用户需求的挖掘和把握。当前，我们的生活中依然存在着很多未被解决的问题，或者是解决不好的问题，这些问题就是我们的机会，而下一个 10 年它们必将会被解决。

三、系统性思考

设计师做设计时经常会陷入一个产品的造型中去，又或者会纠结于某一按键的位置如何排布比较好看等诸如此类的细节问题。这些问题其实是产品设计的末端会遇到的问题。在前期思考时，我希望设计师可以从更加宽广的维度去构建自己的设计体系。把产品比作一个点，在与之相关联的使用环境、目标用户之间去构建多条连线，不仅要把有形的产品设计好，还要把无形的线设计好，这样我们才是一个好的问题解决者。

当然有些项目需要天然聚焦，例如，我们希望设计一款瓶盖可以更加容易打开的矿泉水瓶，这时，系统性思考优先级就会降低，更多的是思考瓶盖结构或交互方式的改变，以及其本身可承载的成本要求、工艺限制。但我仍然希望设计师可以在聚焦之后更多地去发散，充满系统和逻辑性的思考问题。例如，这个瓶盖拧下来放置在哪里？它在运输过程中是如何的一种状态？未来可不可以被回收？只有不断地习惯于系统性思考，我们的解决方案才会更加完整。也许仅仅是一个细小的点，但它可以撬动一个行业，设计师应该有野心去改变这个世界。

■ 第九节　研发：
设计是研发的一部分

一、产品研发

设计与产品研发之间是什么关系，它们是怎么联系起来的呢？

简单来说，传统的"草图+建模+渲染"所完成的设计只是产品研发的一部分，而且是很小的一部分。

很多设计师喜欢设计的造型炫酷，追求细节完美，甚至聚焦于此。但不得不说这些只是设计的一部分。毕业越久越发现，于设计而言，更重要的一点是要让设计落地。但很多时候设计师是戴着枷锁在跳舞，需要清楚哪些地方是自己可以发挥的，哪些地方是要回避的。这就需要设计师有全局意识，对产品研发流程心中有数，知道当前处于哪个流程，这样才能更好地把握设计，让设计落地。

例如，我在想一个方案时，如果决定用开模注塑的方式，那么就不会考虑存在倒扣可能的造型；如果我非常喜欢这个造型，那么我得想好大概怎么分模，要知道，分模线也是产品外观的一部分，也许这是对设计师的一种束缚，但是是良性的束缚，就像高考的命题作文。

设计师对于产品的诞生总有一种使命感，设计师很多时候并不是产品的"父母"，甚至连"监护人"都不算。就像导演一定是电影的"父母"吗？编辑、制片人、出品人期间参与了很多，只是一个合适的契机导演加入，统筹各方，完成了拍摄和制作。导演的角色有点像"产品经理"，设计师有点像"演员+道具+后期"的结合。

如图 1-34 所示，在整个硬件设计过程中，设计只是一个环节，从产品概念深入，到手板验证，设计无法独立其中，需要各方面配合才能完成产品。

图 1-34　产品硬件研发流程示意图

　　设计师不一定是产品的创造者，但绝对是产品的重要参与者，其参与程度取决于设计师的能力和研发项目为设计师开放的权力。产品落地之后，有些设计师还要考虑推广、宣传等工作，要知道我们设计的不是艺术品，而是商品。

　　在设计之初，要找到你的目标人群、推广渠道，你是要卖给谁，放在哪里去卖。不然做了一个很高端的产品却没有合适的渠道去推广，那是有问题的，公司也没有办法为你的酷炫设计买单。

　　很多时候，设计师比较容易沉浸在自己的设计当中，这个时候要保持更清醒的头脑、更开阔的视野，去打通知识的边界（产品、市场、销售、零售、采购、商务、物流、售后等）。

　　ID 设计在产品研发流程中的占比如图 1-35 所示，并没有那么大。

图 1-35　产品研发流程示意图

　　所以，设计师在专注做设计的同时，也要随时关注边界领域，能吸收的尽量吸收进来，再将其转化形成自己的方法论、知识体系。这样你在讲方案的时候就会很有力量，所做的方案需求存在，逻辑清晰，可实现性强，最终变成商品的可能性就变大了。

二、从设计师到硬件产品经理

（一）什么是硬件产品经理

首先要明确硬件产品经理的概念与职责，尤其要与软件产品经理区分。大家都知道设计师有两大类：工业设计与平面交互设计，产品经理也分软件产品经理与硬件产品经理，工业设计对应硬件产品，平面设计对应软件产品，这里我们重点讲述从工业设计师到硬件产品经理。

简单来说，硬件产品工作的主要流程有：产品规划、产品定义、组成研发团队并推动产品落地、产品上市销售、售后环节。我尽量用通俗易懂的方式介绍一下这几个主要流程的概念内容，以便大家更容易理解什么是硬件产品经理。

（1）**产品规划**。该做什么样的产品，例如，智能穿戴具体做手表还是做手环，是主打高端市场还是低端市场。

（2）**产品定义**。规划好要做什么样的产品后，接下来就要细化该产品的配置。以手机为例，是选择高通平台还是 MTK 平台，选择几寸的屏幕，产品外观、材质如何考虑。其实很大一部分都根据成本而决定的，往前一步说也就是根据之前产品规划时选择的高端市场还是低端市场而决定的。

（3）**组成研发团队并推动产品落地**。到了正式立项阶段，需要成立产品研发团队，一般包含：硬件、射频、结构、采购、质量等，当然还有设计。产品经理在项目团队里的角色可以理解为"火车头"，拉动着整个团队朝着目标方向前行。

（4）**产品上市销售**。这个环节更多与市场部门合作完成，确定你的产品卖点、销售方式等。

（5）**售后环节**。售后环节包括产品推销、用户评价、产品质量等，一代产品在卖，迭代产品的规划已经做好了，开始另一个产品的规划。有句话叫"铁打的产品，流水的产品经理"，说的正是如此。

所以说，产品经理是产品的总负责人，是这个产品的老大，他不是产品的"父母"，却是产品的"监护人"。产品研发的涉及面广、综合难度大，可以说，产品能力既是一种独立的能力，也是多种能力的集成，不仅需要产品的规划能力、市场嗅觉的敏锐度，还需要有各种研发知识背景的认知，虽然不需要达到专业的水平，但要能够具有与各研发人员建立基本沟通的水平，以及出色表达能力、推动能力和管理能力等。

产品经理既要保证研发团队正确理解产品定义和产品需求，还要推动协调各部门的统筹工作。各个不同性质的公司对硬件产品岗位职责与要求是不一样的，甚至有着很大的差别，了解各公司具体的岗位职责与要求是了解产品经理所需的素质和技能最好的途径。搜索在各大招聘网站上发布的招聘信息，更有助于我们对产品经理岗位的理解。

（二）如向成功转岗

不管本科还是研究生，目前各大院校还没有开设"产品经理"这个专业，产品经理大部分是从不同专业或其他部门转型过来的。我之前咨询过一些有工业设计背景转岗到硬件产品经理的同学，希望他们可以给想了解硬件产品经理的同学一些建议。

关于设计师是否适合转岗产品经理这个问题，首先，可以肯定的是有设计背景的人更有产品感觉，更容易发现用户的真实需求，更容易理解什么是好的产品，这些也是设计师与产品经理一脉相承的地方。

当然，也不是所有设计师都适合转型做产品经理，工业设计只是产品经理的一个分支，还有很多的硬件专业知识和管理经验需要学习和掌握。另外，个人认为 CMF 的工作对转型产品经理更有帮助，因为 CMF 的工作对于跨部门合作、供应商的统筹管理、成本意识、项目管理等更容易产生产品思维，或者说更容易萌生对产品岗位的兴趣。下一节会详细讲到。

其实不管是什么专业背景，都可以尝试去做产品经理，只要有一种改变世界的追求，为用户做好产品的态度，都可以胜任这个岗位，成为一名好的产品经理。

总之，想转岗成为一名产品经理，一定要抱着学习与成长的心态，更重要的还是要有兴趣，因为产品经理看似是一种很高端的工作，其实担负着更大的责任，做着更难的事。产品经理之路和设计师之路一样，不是一日之功，而是一段"打怪升级"的通关路程，从"菜鸟"成长为一个"专家"，需要不断地成长与历练。

成为产品经理之后，最明显的成长变化是更加懂得如何思考，更加具有规划人生的意识，不管是在工作还是生活中，产品思维都会带来系统性、全面性思考做事的方法，会在做事的不经意间体现出产品思维带来的变化。

产品经理有更多机会体验到作为一个产品总负责人、项目总指挥的经历，所以产品经理更接近一种小 CEO 或小型创业者的体验，只要有控制欲就会激发出更大的想象力与创造力。我身边有很多设计师做完产品经理后，开始想做自己的产品、创业等。

三、跳出来看设计

众所周知，设计是一个极为包容的行业，涵盖了工程科学、美学、设计科学，乃至哲学等众多学科，并运用不同学科的知识技能最终达到解决问题的目的。产品设计到底在产品的生命周期中扮演怎样的角色呢？

在此之前，我特意咨询了在博雅工道（北京）机器人科技有限公司工作的朋友 Z，从他那里学到了很多"干货"，希望能够帮助大家更加全面地看待设计在产品研发过程中的位置。

（一）转变思维——重新看待产品设计

从一个设计服务人员到产品主管，除了工作内容的不同，还需要拓宽沟通部门，调配协调资源。跨度大了，自然不能像以前一样只关注某一环节。

在做设计服务、应对客户时有一套相对完整的引导体系：在产品的生命周期中，一些理论认知会把"产品定义""功能研发""产品设计""生产实现"以线性并列的形式表现在整个周期中（见图1-36）。

这种观念一般表现在设计服务或以设计为对外宣传核心竞争力的公司中。

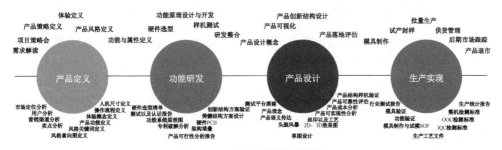

图1-36 产品研发流程详解

我们将上面信息简化成："产品""研发""设计""生产"。

1. 产品定义

一个直观的理解是基于"场景"。它需要在前期根据目标公司自身快速找到定位。它的决定因素既有：场景、使用者、时间、情绪等直接因素，也有公司自身的渠道、模式、战略定位等间接因素。

设计师可以通过了解目标公司背景，调研场景使用者等信息去支撑自身的设计。以"条件+思考=结论"的思维模式进行实操。

这里的条件是市场调研、场景分析、用户画像、甲方预期和实际用户预期等。结论是产品风格、设计侧重点等。

2. 功能研发

结合公司自身的"研发资源"完成"成果"或"样品"。

其中的因素有软件、硬件、机械结构、研发测试等。很多公司由于自身研发资源限制的原因并不能将"成果"或"思路"马上转化成"产品"，有一种方法是通过专利和预售的形式先抢占位置，再以交付日期为节点或以订单的第一桶金完成"成果"的可交付产品化。

研发的限制条件也可能会成为设计的限制条件，当你负责整体项目中的产品设计时，多与不同部门的研发工程师交流。这样能让你的设计规避很多不必要的错误；同时也会发现新设计点，或者为公司带来新的壁垒（专利和技术等）。

3. 生产实现

它是指在功能研发的基础上实现产品批量生产。

其中的因素有物料成本、人工成本、运输成本、交付周期、认证周期、良品率等。

对于生产落地，一个有经验的设计师会根据需求权衡设计部分生产的可实现性，也会有意识地配合生产，降低实现难度、工艺周期、成本等。生产落地各环节示意图见图1-37。

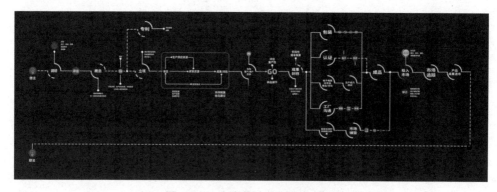

图1-37　生产落地各环节示意图

图1-38所示是我这些年结合自身所做项目案例整理出的简单流程图，它从想法"出发"，通过"市场"转换到"项目""研发"，再移交到"生产"产出"成品"，又转给"市场"销售。最终整个生命周期的信息又再一次回归下一款产品的"想法"。我们可以看到，这中间并没有固定的一个节点属于产品设计，但其中的很多环节又缺少不了设计的参与。

综上所述，在整个产品的生命周期中，产品设计并不是单独的一环，而是融入了整个周期的各个环节。

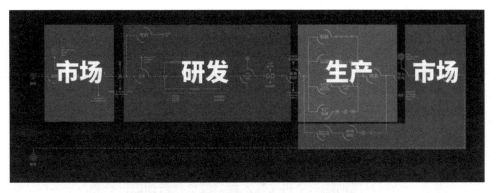

图 1-38　从市场来到市场去设计简单流程图

（二）市场+研发+生产=产品

有需求口、有研发口、有生产口，这就是一个简单的闭环。例如，很多贴牌产品，其中并没有设计的成分，但它仍是产品。从一个产品的良性发展来看：缺乏设计的产品并不具备优势，同时也无法在未来发展迭代中找到方向，例如品牌带来的用户黏性等。

所以，要跳出设计看产品，设计并不是全部。

结合以下案例（见图 1-39），希望有助于大家对产品研发的理解。

图 1-39　博雅工道（北京）机器人水下手持推进器 2019 款

由博雅工道（北京）机器人科技有限公司设计、研发和制造的水下手持推进器，于 2018 年投入市场。2019 年与雅马哈合作的产品在北美面市。该产品满足了部分潜水爱好者或海滩游玩者，给这些场景下的人们带来了更多乐趣。不同于之前市场上笨重的水下装备，3kg 的主体重量与长续航更适合外出旅游携带和使用，12kg 的推力即使携带简单的潜水设备也能自由下潜深度达 40m。

前期的市场从一个想法出发：民用水下助力设备的畅想。

在拿到一个项目或助推一个想法时，我们要重视前期的讨论会，更多的"可能"在这里诞生。这是一个尽可能发散的过程，大家脑洞大开，设计师尽可能记录所有可能。在这个环节市场和研发会说出并否定各自的"可能"，设计要做的是记录而不是否定，要避免引导。之后对资料进行搜集、整理并进行增加、更正和过滤。

基本注意事项：①尽可能多地记录或多人记录，从不同角度更全面地看问题；②避免在发言中使用带有引导性的词语，让大家从自身的角度多提建议；③参会者要有专业人士也要有一般人士，增加会谈的梯度；④找到引起的兴奋点的话题，并进行发散。

其他注意事项：①控制场地和时间，提前安排地点，注意安排和协调各方时间。②明确会议讨论的目的，确保会议沿着正确的方向进行，避免论点分散、观点对立。

在这之后，我们会根据实际情况筛选（市场、客户、用户）和验证（功能、研发、实现），反复使用思维模式：**产生新想法——验证评估——产生新想法——验证评估**，在此过程中，逐渐对产品有了初步的概念（见图 1-40）。

前期工作让我们对后续的设计方向和品类有了初步的认知，也让我们对需求者或客户关心的问题有所了解。

中期的研发，从实现落地出发：平衡想法和落地。

这部分的内容属于常见的设计领域，在这一过程中，软件、硬件、结构机械、工业设计、CMF、研发测试等部门可以是并行的。每一部分的修改都会牵动其他部门的联动。无论其中哪个细分领域都需要共享信息、及时沟通。

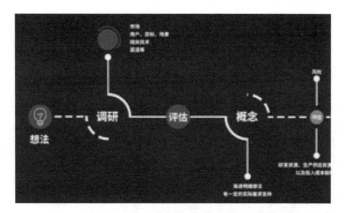

图 1-40　产品研发设计流程

　　如果把中期的研发比作是"馅饼的肉馅"，那么设计者要做的就是如何把馅放到皮里并灌入前期想法的汤汁。更多的想法会带来更多的研发，最终成型出的产品也会千差万别。设计需要考虑的是将研发的样机和技术，最终转化成可以落地的产品。在这个过程中需要弄明白应该加入什么，减少什么（见图 1-41）。

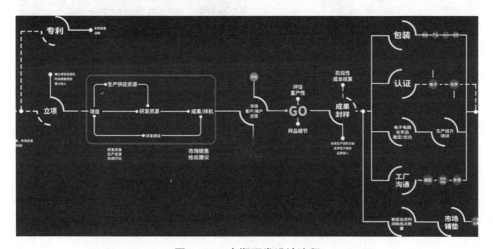

图 1-41　中期研发设计流程

　　加入用户与市场想法并和研发沟通后，通过搜集意向图、推敲构思、勾画草图、进行三维数模、推敲落地形成工艺文件等环节，最终制作样品手板或结合功能做成样机进行测试，见图 1-42。这一过程考验设计师的把控力和落地经验，因为其他部门的疑虑或问题，设计会因为修改而偏离最初设计者的想法，这需要设计者通过经验和验证分辨哪些是必要修改，哪些可以在保留设计点的同时解决问题。

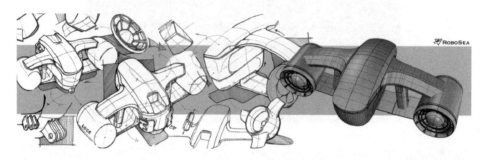

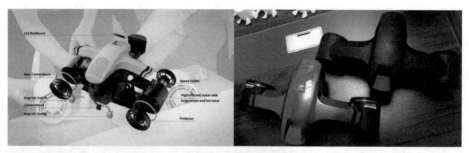

图 1-42　制作样机测试示意图

值得注意的是，沟通方法、手段十分重要，不同的方法可能产生不同的结果，如果结果出现偏差，可以看下是否问题出在这里。

中期研发中的关键节点如下。

搜集意向图：可以让我们更快地寻找灵感、理解产品、确定设计方向。这是当我们没有深入设计时最快与其他部门沟通设计想法的方法。

推敲构思：无论是得到图片还是文字种种信息，将它们筛检归类，然后产生新的想法。

草图：是一种很快记录设计点的方法。它并不像 3D 模型那样会受到工具限制。随时随地或在各个阶段都可以简单勾画。但要表现得精准，需要一些技巧上的训练（见图 1-43）。

三维数模：需要一定专业知识，在大规模生产中，用参数化模型对接批量生产是一种常规手段（见图 1-43）。

制作样板件：在一些节点需要看到实际体量样品，或者需要针对阶段性成果进行测试时，都会制作手板/样板进行对应测试或比对。这一步骤尤为重要，样板的好坏是对阶段结果最直观的体现（见图 1-43）。

图 1-43　3D 打印相关手板

3D 打印和仿真：3D 打印可以满足极小量（单批次）样板制作，成型周期短。除光敏树脂外，一些类 PC、ABS、POM 等也可制作。这让研发样机回料时间大大缩短，资源也变得普及。如图 1-43 所示，通过制作不同形态、材料的 3D

打印桨叶，找到相对优异性能的设计，在一定程度上扩大了测试样本，也缩短了周期。

在产品项目推进的过程中，为了保证在预计时间内完成研发和生产上市任务，每个部门会按照一个个节点完成目标。其实，产品设计就是要在完成最终任务的前提下，保证各个部门完成节点的同时，不让设计的初衷过于偏离，但又要尊重配合其他部门的成果。

请记住，在这个大背景下，无论从事何种工作，我们始终是以解决实际问题为目标的：专业是我们的角度，书本和软件只是工具。随着经验的积累和工作任务的拓宽，我们需要更多的角度和更优秀的工具来完成目标，所以，并没有什么是一成不变的。

案例最后，再顺便分享一个水下产品的理论验证方法：仿真（见图1-44）。

图1-44　速度流场分布云图

一些硬力和流体仿真会在研发节点中给出更专业的意见。水阻对形态要求建立了门槛，在验证的过程中除了制作样机水中实测，3D流体仿真也提高了验证效率（见图1-45），设计师通过仿真与3D打印样品实测推导适配流道桨叶。在水下，环境对产品有相对影响，特别是海水，重浮、阻力、耐压甚至盐蚀都对设计团队提出了更高"要求"。

图 1-45　流场矢量分布图

■ 第十节　CMF：
设计的突破口

一、认识 CMF

很多设计师对于 CMF 并不陌生。在它与日俱增的地位面前，大批的设计师开始专门研究它，我们将这种专门研究 CMF 的设计师称之为 CMF 设计师。尤其对产品设计而言，CMF 是一个重要的突破口，学好 CMF、用好 CMF 在当今产品设计中可以有一席之地。

CMF 是 Color-Material-Finishing 的缩写，也就是颜色、材料、表面处理的概括。如图 1-46 所示，产品上部是灰色织物，下部是铝合金材料，表面氧化处理等。它是我们在对产品形态不做太多改变的情况下，仍然想在视觉上有更多突破的选择。CMF 在智能硬件、家居产品中应用尤其广泛。近些年，对手机这类产品而言，外形的突破已经越来越困难了，所以更多侧重于 CMF 的领域，很多大厂都有自己的 CMF 研究部门，专门从这三个角度进行突破。还有诸如海尔等大型家电企业也都有自己专门的 CMF 研究部门，为产品升级提供更多的支持。

图 1-46 CMF 应用的产品

　　CMF 牵涉到的并不是专业针对性强、运用范围特殊的问题，而是遍及我们生活中的方方面面。例如，我们平时穿衣服讲究的颜色搭配属于 C 的范畴。再如，我们穿短裤腿会漏出很多，那么裤子的表面质感和人体皮肤的质感形成的对比就属于 F 的范畴。M 就更好理解了，我们身上戴的配饰和穿的衣服的材料都不同。

　　CMF 设计是作用于设计对象的，它联系、互动于对象与使用者之间的深层感性部分。例如，关门的声音取决于门的材料，把手的传热能力取决于表面加工，汽车方向盘较紧凑的结构及较软的表面处理能给驾驶者充分的安全感等。国内设计行业仍旧在进步和发展阶段，大家关注的重点多是放在艺术表现力和基础功能性这两块较显眼的部分。之前我们有说过现在极简主义盛行，在这个大趋势下，设计的造型和外观需要更多的材质对比、表面处理和颜色的分布来凸显产品的质感、细节和想表达的内容。

　　工业设计流程见图 1-47。

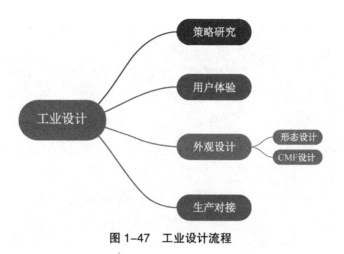

图 1–47　工业设计流程

二、CMF 在产品端的应用

　　整体来说，产品的 CMF 决定了产品的气质，CMF 设计可以有效拓展产品设计的设计空间，而不仅局限于传统的功能和外观设计，它可以帮助产品设计师和品牌表达不一样的产品创意，刻上独特的印记，避免产品的同质化，使其从众多的产品竞争中脱颖而出。同时，可以依靠出色的 CMF 给用户更好的体验，例如，一款智能抱枕，通过表面亲肤的 F 处理，达到了更加亲和的感受，让用户喜欢抚摸和拥抱它；又如，一款新型的硅胶枕套，表面光滑、舒适的同时还好清洗，这可能是 M 的功劳。材料的创新，让产品的功能体验更好。

　　举一个最明显的例子，近几年，各大智能手机品牌在产品的 CMF 方面下足了功夫。例如，苹果 iPhone 5 精致的高光切边设计，以及铝材质的阳极氧化着色；iPhone 11 pro 玻璃精细的纹理质感（见图 1-48）；三星 Galaxy Note Edge 的曲面屏设计；华为 P20 Pro 耳目一新的渐变色；小米手机的陶瓷外壳设计等，堪称是手机界 CMF 的一场争奇斗艳，大大提升了用户的使用体验，满足了用户不同的心理需求，也扩大了自己品牌影响与价值。因此，设计师能否掌控 CMF 在产品设计中的应用显得尤为重要。

图 1-48　iPhone 11 pro

在工作过程中，我们可以明显感受到设计师对新趋势的敏锐感知。他们会非常关注新技术、新材料的应用，关注各大展会的产品新趋势，产品周边使用环境的趋势变化，以此来丰富自己的材料库。他们针对产品材料有着多维度的尝试和创新，甚至是材料的跨界使用。例如，水泥在音响上的使用，利用水泥的高比重及刚性，避免了木质音箱产生的噪音和低音失真。

下面分享一个个人感觉不错的 CMF 设计产品：**飞利浦 DesignLine TV 2013 ——一台正面只有玻璃的电视**

电视在我们日常生活中随处可见，它的样子从很久以前的"大脑袋"到现在的超薄，已经很难在造型上有什么发挥。整个电视行业在智能与高画质两方面不断发展的时候，飞利浦在 2013 年发布了一款全玻璃式 DesignLine TV Series 落地式电视，其设计理念就是要打破传统电视外形的框架，要以一块玻璃作为主调，所有部件都被"隐藏"在这块直立大玻璃的背后，以其华丽的外观设计和出色的表面质感，让人眼前一亮。

从效果图（见图 1-49）看，电视的所有相关线材都收到了后边，从前边看起来非常干净，还能直接立在墙上，但这要求用户家里必须设计了埋入墙的走线通道，不然可能还是会比较凌乱。

图 1-49 DesignLine TV Series

这款设计非常大胆前卫，采用了落地式设计，一改以往超薄电视的做法，使其几乎能够摆放在家庭中的任何角落，从而实现了让电视变得更便携的想法。只要将其倚靠在墙体上，就能安全地放置好。下面我们着重来说一下它的 CMF 处理，整个产品靠玻璃的镜面材质达到了一种近乎完美的极简（见图1-50），像是点亮了一面立在墙边的镜子。我们通常会用思考怎么把 CMF 应用的好，形成对比或增加产品细节，而这款电视反其道行之，通过减少对单一 CMF 的表达实现极简纯粹的风格，让用户感受到了一种新的体验。

图 1-50 Philips DesignLine TV

　　所以，设计师在应用 CMF 的道路上，一方面要积累自己的 CMF 资料库，了解它们，去大胆地应用，去和自己的方案结合；另一方面，还要紧跟时尚潮流，多了解前沿行业的动态，多看多学，融会贯通。

第 **2** 章 职业：

设计职业的前景和方向

■ 第一节 转变：
从概念设计到商业设计

一、思路转变

刚毕业的时候，我面试了几家设计公司，其中有家设计公司的设计总监饶有兴致地看着我的一大堆概念获奖作品说，"真不知道你做的商业设计是什么样的，非常期待"。这里总监所期待的就是我能否在商业设计环境里继续保持概念设计的创意和想法。

在大学期间经常做的设计或刚入门的时候学的设计，我们通常称它为概念设计。它们更多是以解决生活问题为主，同时更多的时候强调创意表达和想法呈现，更多的关注点在于问题的实现而不在于商业价值的追求。聚焦于对某一问题的创新表达，把它的更多可能性通过一些前瞻性的思考表达出来，或者是目前的技术实现不了了的，我们都可以做概念设计。所以，概念设计是一种引领，是一种未来。

以市场为导向，及以商业价值为导向的商业项目称为市场设计。市场设计是遵循市场运动规律，洞察商业模式，以盈利为目的，以消费者的核心诉求为导向的一种设计方式，最终通过设计的手段达到商业价值和美学价值的双重统一。市场设计示例图见图 2-1。

图 2-1　市场设计示例效果图

在商业设计的模式里，设计师通常要关注产品研发的整个流程，而并非单纯的外观设计或用户研究。成本造价的估算、结构分件的合理性、可实现性的分析及材料工艺的品控分析等各方面都是非常重要的，这时与其说我们对设计方案负责，不如说是对产品本身负责，但这并不是割裂的。

早在 19 世纪 20 年代，美国的商业设计就凸显出生命力，和包豪斯并称为近代工业设计的两大主流趋势，正因如此，设计师的职业化进一步形成，我们现在可以靠设计吃饭，要感谢那段历史，设计只有情怀是行不通的。

19 世纪 30 年代，以汽车设计为主的商业思潮盛行，设计师和企业家们更多的是追求外形的流线，关注于把外形做得非常有利于销售，或者通过对消费者进行一些引导性设计来迎合消费者，带动消费欲望，满足心理诉求。设计变成一种挣钱的手段，让产品、让新品大卖，是当时乃至现在设计师的一大追求。设计师越来越职业化，在产品的生产链中占据了更加牢固的一席之地，这是工业文明发展的必然结果。

当然，包豪斯的老师们很不屑于这种商业价值的过度追求，他们更聚焦于为穷人做设计或为大众做设计，在学校时，我们经常会受到以包豪斯设计模式为主的教育引导，这更有助于设计师在最初时期养成对人类问题的思考和对设计本身的关注，减少外部的干扰。但毕业之后我们就不得不完成由概念设计到商业设计的转变。围绕着产品的商业价值以及消费者的诉求来做设计，也许有时会存在我们不了解商业模式或用户的情况，那就以客户的需求为导向来做。

需要强调的是，所有脱离消费者或脱离商业模式的产品都是不现实的，所以，只靠情怀做产品，只靠概念来做产品是不够的，我们需要时刻为量产做准备，让设计先流通起来，这样才有成为爆品的可能。

二、毕业后的第一个商业项目

服务器机箱面板设计是我毕业后接触的第一个商业项目，这里需要普及一个知识点：U 是区分机架式服务器大小的单位，1U 高为 4.5 厘米，2U 的高为 9 厘米，还有 3U，4U 等等，国际上都有相应的高和宽的规范。

服务器机箱面板（见图 2-2）几乎是每个做过设计的同学都经历过的项目，小小的窄条说难不难，说简单却也不简单。

图2-2 机柜里的 1U 服务器

项目开始后的大致流程是，简单了解了机箱规格和项目情况，我们看到了客户的上一代机箱面板图，并进行了讨论和分析，针对客户的意见和建议进行方案绘制和设计。

对刚毕业的我来说，这个项目还是非常有挑战的，一方面是固定的装配形式；另一方面是限定的材料和成本。况且作为专业服务器的面板而言，这是一个很成熟的行业，如何从外观进行突破，是一个摆在设计项目组面前的问题，尤其对于我这个刚毕业需要转变思路的设计师来说更是一个难题。

我的设计方案是围绕着客户的企业元素和服务器面板应该具有的防护感这两点，提取出 T 型元素，排列产生阵列感的一个方案。由于项目保密原因无法放图，但可以看得出当时的我在极力地试图做创意，希望做一些不一样的东西。但毕竟对服务器整体风格的把控还有欠缺，同时方案中的散热面积过大，导致最终没有中标。

同组的设计师提取了鲨鱼腮的形态作为元素，然后进行阵列和排布，通过在鱼鳃处背面加金属网板的处理达到了客户的散热要求，整体 IU、2U 形式感较强，区别明显，又可以相互关联，同时符合行业要求，最终中标。

从这个案例中我们可以看出，刚毕业的设计师在创意表达和突破上有一定优势，但是缺乏对行业的把握和对产品属性的把握，以及对设计和成本结合度的把握，今天，我再回过头去看曾经自己失败的第一个设计案例时，依然能够感受到当时那个既想做不同又想打开创意的自己，这就是设计师的必经之路，需要多次历练后才能完成从概念设计到商业设计的转变。

■ 第二节 灵感：

灵感来自哪里？

一、灵感来源

灵感对设计师的重要性不必多说了，就像汽车需要不断加油，设计师也需要不断地获取灵感，或者激发灵感。灵感示意图见图 2-3。

图 2-3　灵感示意图

（一）广撒网

由于刚毕业不久的我们职业经验不足，生活阅历不足，所以更需要不断地拓宽自己的知识面。很多设计师往往对"设计"相关的知识或领域非常关注，却主动关闭了了解其他领域的大门，设计是一个跨学科极强的专业，需要非常大的知识储备，一方面见多可以识广；另一方面见多可以让我们的思维和思考习惯更加多元。刚进设计公司的时候，我就感觉自己之前涉猎面太窄了，从一个小杯子的设计项目迅速跳到一个大柜子的项目，需要灵感和创意的持续支持。

不封闭认知的窗口远比主动涉猎知识重要，其实日常工作、学习中，我们接受的信息量巨大，真正能被我们记住的只是非常小的一部分，更多"与我无关"的信息被忽略或屏蔽。例如，我们经常在看设计网站时会直接搜索"产品设计"等关键词，当然这对快速了解行业和相关案例非常有效，但对寻找灵感其实是无效的，更多残留的记忆碎片会影响我们的方案。甚至有设计师画出和网上一模一样的方案，这都是灵感枯竭或没有用心思考的结果。

（二）多经历

做设计需要多经历，如今设计师已经不能只坐在电脑前苦思冥想画方案了，好的设计需要设计师调动全身的各个感官，去体验感受。记得有次带设计师团队做一个五星级酒店的项目，由于大家都没有类似的经历，所以只能凭借对三星酒店的印象和五星酒店的图片进行遐想——这个产品在这个场景下应该以何种方式存在。灵感和创意变得断断续续、缩手缩脚。这就是典型的由于缺少生活经历和体验导致的设计灵感缺乏。所以，我们不光要趁年轻多经历，更要不断经历，很多看起来与自己无关的体验，也许在未来某个项目中会用到，也许会让下一次设计更完美。

（三）深思考

对某一件事物的认知或某一张图片的感受一定要去深入思考，很多时候我们的大脑处于浅层思考模式，需要我们主动激活它并进行深度思考。否则，将缺乏深度创作作品时所需要的必要创意积累。

（四）勤记录

要相信灵感是需要把握和记录的，尤其设计师那个五彩斑斓的大脑，更需要我们去记录下瞬间的灵感。每个人的行为习惯、思考习惯不同，记录的方式、方法也不尽相同。这里只要把握住记录并留存的原则就好。至于你是用备忘录，还是笔记本，甚至是墙面都是可以的。

二、灵感的应用（概念案例）

上面说到了灵感来源的几个方面，其中有两个是多经历和深思考，如果没有那么丰富的经历，那么就要多做些思考。下面这个案例就是曾经遇到的一个将问题加以思考的呈现，其实问题就在我们身边，问题就在生活中。

前些年在家里帮妈妈做饭时经常会遇到一个问题，就是往蒸锅里面加多少水的问题经常是食物蒸一半，锅里水没了着急地往锅里倒水，这时候需要先把笼屉拿出来再倒水，再把笼屉放回去，有时笼屉上还摆满了食物，所以很麻烦。顺着这个问题延伸，继而我想到了传统蒸锅还面临的一个问题，就是蒸锅内外存在温度差，蒸汽上升后在锅盖内表面凝结，滴落到食物表面的蒸汽会浸泡食物，非常影响食用的口感和观感。针对上述两个问题，我们团队进行灵感的发散和思考，其中一个小伙伴想到了漏斗的注水形式，然后我们围绕着这个点进行头脑风暴，能不能直接在笼屉上加个漏斗呢？笼屉上有很多洞，把漏斗插进去，因为漏斗是中心对称的，所以插到笼屉最中间的洞里最合适，这样我们就确定了注水的方案。与此同时我们做了样品，测试了蒸汽滴落的问题，发现通过改变漏斗的外壁曲线可以减少蒸汽的滴落，经过反复试验和调整，我们得到了最终的方案形态，蒸汽可以顺着漏斗的下壁回流到锅底，形成了一个良性的闭环。

图 2-4　Funnel IDEA 设计版面

　　我们就直接叫它 Funnel（漏斗）（见图 2-4）了，Funnel 是一款经过重新设计，呈漏斗形状的蒸锅附件，可以解决以上问题。刻度有助于控制水量，中间注水口方便任何时候注水到蒸锅底层，同时也可使水蒸气外喷和回流，与食物彻底分开，一举多得，效果明显。另外，内表面刻度帮助控制蒸锅的注水量，使得加水量也可以精确到毫升。使用过程是：①按照刻度，在 Funnel 中添加适量水；②打开 Funnel 底部阀门，让水流入锅底层；③盖好锅盖，开始蒸煮；④凝结的水蒸气沿中间注水口回流，不影响食物。

通过这个案例我想告诉大家，灵感的涉猎不是刻意的，灵感的应用也是有方法的，生活中有着一切的答案，用心生活，拥有一颗发现问题的眼睛，用心思考，去寻找最优的解决方案。

第三节　自信：
设计需要自信

一、明确表达

曾经，我一直以为设计师需要的是美感、创意度及其他设计能力，自己拼命在这几方面进行提高，慢慢发现，沟通能力和自信能力也是设计师必备的两项能力。

现在，更多时候我们需要多个设计师协作来完成设计项目，靠自己专业内的技法与优势已经越来越不足以支撑起一个完整的项目，而多位设计师协作，不仅是"1+1=2"，而是指数级的裂变，裂变的末端会产生谁都无法预料到的化学效应，这就是设计师合作碰撞的结果。然而设计师又是一个感性爆棚的群体，然而逻辑感普遍偏差，似乎天马行空和井井有条二者仅可存一，因此，在合作和碰撞中，设计师的明确表达变得尤为重要。

当我们在阐述自己的想法和创意时，作为发出信息的一方，需要有一个明确的表达，这既是对设计方案的负责也是对接收信息方的负责。需要强调的是，信息的构建尤为重要，由于设计师的方案是自己思维的一个演化，很多时候带有强烈的个人色彩或自身经历的印记，所以在方案表达时要站在接受者一方的维度去构思阐述。例如，我们设计了一个方案，在向甲方提案时，就应该将方案重新解构为客户更能听得懂的语言和形式，让他充分地了解我们的设计思路、创意形式，向其他设计师分享我们的方案时，可以用另一种方式来表达，省略大家都明白的技法层面的东西，更多地强调设计本身的创新点、突破点。

明确的表达，并不仅仅是把话说得清晰，而是要发出对方可以听懂的信息，体会到我们真实的表达意图，这更是对设计思路的验证。很多设计师没有做到明确表达，就是因为在方案构想时，是不充分、不完整的，那么在表达时，对于一些细节或形式上的思考也是断断续续的，很容易让他人觉得你的设计不完善。设计交流的过程本身就是一个思维碰撞，针尖对麦芒的过程。要想一个新事物或新创意让同样具有创新意识的他人接受并不是一件易事。你要告诉对方你既不是拍脑袋，又不是没想到。

很多好的设计方案，"死"在了设计师的表达上，这是很可惜的。所以，我们要关注信息传递的正确与准确性，要在表达前多思考，多换位思考；多从不同维度去论证自己的方案是否完善，是否无懈可击。

071

二、看起来、听起来都要自信

我们的设计不仅看起来要不错，而且听起来也要不错。有同学可能要问，设计是一个以视觉为主呈现的职业，为什么要关注听觉呢？其实就是因为我们过度的关注视觉而忽视了听觉。举个例子，我们在向客户提交方案（见图 2-5）时，信息从图面传达的意思及设计的创意点再到客户所理解到的内容是有误差的。自信表达是减少误差的一个有效手段。我们在沟通的时候，需要非常自信、清晰地把自己的设计点、设计理念表达出来，而我们在作图时，也要勇于放大细节，勇于做一些"爆炸图"，勇于使用一些让对方可以更好地理解的方式。有的设计师在画手绘时很容易给人的感觉是线条比较虚，该明确、该强调的地方没有强调，说明设计师是不够自信的，在形体与形态的连接之处，在形体的转折处，没有想清楚它们的关系是怎样的，它们的比例如何是最合适的，急于表达，反而表达错乱。如果连设计师都模棱两可，那会让其他人更无法评价，让客户更无法选择。

图 2-5　向客户提交方案

　　我们曾经做过这样一个实验，同样的一个设计方案，先由设计师自己去分享提案，客户反馈不是很好，然后又由设计组长去给另一个客户分享，得到的反馈非常好。之后我们分析录音，发现整个沟通过程中组长的表达的更干脆、更明确、更有条理，可以更自信地说出设计点和设计想法，在客户有疑问时积极阐明了设计方案的结构方式和组合方式等相关问题。反观设计师的表达就相对含糊，有些时候可能是因为经验不足，或是知识贫乏，但有些时候也是在语气、说话节奏、说话技巧等方面让人感到不自信。客户会想你的创意是不是拍脑袋出来的？甚至直接判定你不懂结构，不懂加工，不懂装配，也不懂生产，更不懂产品。

　　当他们觉得你只是做了一个外形而已，那形态追随于功能这样的话就变得没有什么意义，设计点再强也无法推进项目的落地和实现。所以作为设计师，无论是向其他设计师还是客户分享方案都要自信，这一点，我觉得非常非常重要。

第四节 积累：

量变引起质变

一、多少个案例才能培养出一个设计师

相信大家都听过一句话"量变引起质变"，在设计领域也遵循着这个道理，我们在做够一定数量和程度的项目后，就会产生对设计不同的理解。从一个初级设计师到中级设计师再到高级设计师，如何以项目的数量来衡量呢？这里有一个粗略的范围仅供参考：当我们做够了 20～60 个案例时，可能是初级设计师（2 方公司一年最多可经理项目数为 20～30 个，甲方公司一年 10 个以内）；做够了 60～100 个案例时，可能是中级设计师；做够了 100 个以上的案例时，可能是高级设计师。当然，这不是绝对的，有些设计师项目做得很深入，有些设计师做得很浅显；有些设计师收获很多，有些设计师收获较少。设计公司的设计师平均每年大概能做 25 个项目，如果做 50 个项目就需要两年；但是如果你在一个企业里，或者一个产品研发的大团队里，可能一年也就做三五个产品，但可能会对某一品类的产品有很深的理解。

衡量一个设计师的等级，不仅仅要看数量，还要看在数量积累过程中设计师所经历的痛苦和成长。刚做产品设计师时，我做的产品的结构就被嘲笑过，说我做的产品结构无法实现，完全没办法装配，两种材料无法加工在一起诸如此类的问题。你会发现在做过一定量的项目时候，我们会受到整个产品研发链条不同维度的冲击，但也许只有这样，才能让我们成为一个更加全面的设计师或更加合格的设计师。正如小草逐渐成长一样，见图 2-6。

图 2-6　设计草图

当设计师有一定的项目积累之后,他就可以更游刃有余地穿梭于不同的材料、不同的行业、不同的产品研发阶段之中。他也学会了和更多不同角色的人用不同的方式打交道,知道了怎样更好地表达自己的设计理念,怎样推销自己的设计方案,怎样让它们更容易落地。他们会迎来一次又一次的质变,这种质变我们称之为设计师的进阶。

如果你问我究竟多少个项目能培养出一个优秀的产品设计师,那可能是很多个项目吧;如果非要加一个期限,那可能是一辈子吧。

二、在有限的时间里接触无限的项目

这里我用到了一个词叫"接触",而不是"做",以前我总觉得设计师做设计一定是和敲钉子一样,砸得越深越有体会,而且要亲力亲为。在职业初期我们这么做是无可厚非的。那什么叫接触项目呢?无论你是在企业还是在设计公司,想必会与很多项目,或一个项目的诸多个环节产生联系,那么这些联系的点就是接触,而非一定是派到你手里的任务。

在第一家设计公司时，我们和策划部一起做一个项目，项目流程是先策划再进入设计。这次为了更好地进行设计，策划部放宽了一些权限让我们早早地参与进来，一方面我们对策划有了更多的了解；另一方面策划的研究方式及工作技巧也向我们打开。但这确实带来了叠加的工作量，很多设计师离开了策划部，唯独我留了下来。事实上，在之后的几年里，这个经历确实帮到了我。在后来的设计中，我都有意识地加入策划的环节，主观地去从新的角度思考产品设计，无论客户是否要求必须做策划，只要能让我的设计更加完整，更正确，离用户所期望的更近就好。

这个经历其实就是我接触的一个项目，假如我当时也一样离开策划部，那么我就错过了一次接触策划项目的机会。

有些时候，看似负担与额外的工作量，都可能是成长的良机，会让你的专业更加精进。当我们无法判断这件事情是否对我们有益或是否值得做时，就可以参考"增熵定律"。

"增熵定律"的大概意思是宇宙包括人类的发展最终都会走向无序和死亡，"增熵"是一个损耗，例如，一觉醒来我们看到屋子乱成一团，这就是增熵，再如，我们看到了一个不好的新闻，心里难过极了，也是一个增熵。所以，我们只要避开"增熵定律"，多做"减熵"的事就可以了。

有时领导会安排你一些额外的工作，例如，下班时间到了你还在加班，本想回家，但领导看到了你，过来给了你一个其他的任务，这个时候你可以想"这家伙这么晚不走，还给我安排任务真讨厌"，然后带着负能量去做，草草应付了事。你也可以想"领导是偏爱我吗？把这么特殊的任务给我，那我要好好做，多查查资料"。其实很多时候，影响一个人一生的所谓的机遇和机会都是自己创造的，或者是在一次次不同选择中得到的。

如果不是下班晚走，领导就没有给你额外任务的机会；如果没有这次机会，就没有一个新的能力被发掘；如果这个能力没有被发掘，那你可能没有另一个机会。以前在看电视剧的时候经常会看到类似的情景，都觉得主人公有"主角光环"，但其实电视剧不都来源于生活吗？

上帝是公平的，每个人所拥有的时间都一样。我们要在有限的时间里，接触更多的事情与任务，用自己的方式消化，并将它们转化为机遇。

后来，我遇到了一个设计师他说他两年做了 100 个项目，我不信，当他侃侃而谈的时候我才发现，原来别人在做项目的时候，他也参与思考，他全程参与，只是没有出方案，但他也有了这 100 个项目的经历，我由衷地佩服他。在有限的时间里如果你能接触无限的项目，在一定程度上是另一种成长。

第五节 项目：
设计无法脱离项目存在

一、了解项目管理

第一次听到"项目管理"这个词的时候，我想，项目管理不就是管项目嘛？跟着流程走，还用学吗？

第二次听到"项目管理"这个词，是有人推荐我报考项目管理的时候，我想，设计师学好设计最为重要，哪能什么都会，项目管理和我们不对口。

后来，随着与各种项目接触的越来越多，发现大到一次奥运会的举办，小到一次聚餐，都属于项目。而项目管理更多的是一种管理复杂事物的能力，或者说是一种思维，于是我开始系统地学习相关知识。

PMP（Project Management Professional）是项目管理领域中的一种国际化资质认证，是很多项目管理人士和项目成员都会考取的，设计师尤其是偏管理类的设计师在有一定项目经验后，难免会经常和项目管理者打交道，甚至自己也会承担一部分项目管理的职责，这就需要转变思维，拥有更加行之有效的方法论，所以可以学习一下其中的知识。

项目管理 PMP 的学习远大于证书，所以不要为了拿证而学，要结合自己的项目经历和实际情况加以分析。19 年我花了小一万报名学习 PMP，接下来从设计师的角度聊 PMP。事实上 PMP 是美国人编写的，在国内，我们在实际项目中还要权衡，具体问题具体分析。

设计往往是伴随着项目而产生的，项目顺，设计好发挥；项目不顺，设计可能无法进行。

（1）有些项目属于设计项目，交付物就是设计图和效果图或是实物，设计师作为项目的核心人员，需要与项目的各方沟通，贯穿项目的全过程。因此，设计师学习项目管理有助于参与项目，进而管理项目。

（2）有些项目设计，需要与产品经理、程序员、建筑项目经理进行沟通，了解项目的计划，参与项目的进程。

因此，设计师既有参与项目的机会，也有主导项目的可能，学习项目管理是设计从业者的一个新的职业生涯方向。很多设计师在毕业 5 年后都会逐渐面临转型，一部分设计师会依然坚持画图、出方案这种具体的事；另外一部分设计师则转向了诸如项目管理、产品经理方面。

对于我而言，学习了项目管理，让自己在项目中的定位更加明确，无论是管理项目还是负责设计工作，可以游刃有余地与各方沟通，为完成更复杂的项目做准备。正所谓技多不压身，如果不想考证，自学也是可以的，网上有很多教程和学习资料。学习项目管理，更重要的是结合自身经历去理解方法论，切不可脱离项目，照搬项目管理中的一些知识和方法论（见表 2-1），那样学的既痛苦，又没有意义。

表2-1 项目管理中的五大过程组

知识领域	项目管理过程组				
	启动过程组	规划过程组	执行过程组	监控过程组	收尾过程组
4. 项目整合管理	4.1 制定项目章程	4.2 制定项目管理计划	4.3 指导与管理项目工作 4.4 管理项目知识	4.5 监控项目工作 4.6 实施整体变更控制	4.7 结束项目或阶段
5. 项目范围管理		5.1 规划范围管理 5.2 收集需求 5.3 定义范围 5.4 创建 WBS		5.5 确认范围 5.6 控制范围	
6. 项目进度管理		6.1 规划进度管理 6.2 定义活动 6.3 排列活动顺序 6.4 估算活动持续时间 6.5 制定进度计划		6.6 控制进度	
7. 项目成本管理		7.1 规划成本管理 7.2 估算成本 7.3 制定预算		7.4 控制成本	
8. 他项目质量管理		8.1 规划质量管理	8.2 管理质量	8.3 控制质量	
9. 项目资源管理		9.1 规划资源管理 9.2 估算活动资源	9.3 获取资源 9.4 建设团队 9.5 管理团队	9.6 控制资源	
10. 项目沟通管理		10.1 规划沟通管理	10.2 管理沟通	10.3 监督沟通	
11. 项目风险管理		11.1 规划风险管理 11.2 识别风险 11.3 实施定性风险分析 11.4 实施定量风险分析 11.5 规划风险应对	11.6 实施风险应对	11.7 监督风险	
12. 项目采购管理		12.1 规划采购管理	12.2 实施采购	12.3 控制采购	
13. 项目相关方管理	13.1 识别相关方	13.2 规划相关方参与	13.3 管理相关方参与	13.4 监督相关方参与	

二、设计服务中的项目阶段

在设计服务项目中，项目的阶段和特点不同，需要组长或总监、设计师（以下统称为设计负责人），进行不同维度的把控。大部分项目分为调研阶段——草图阶段——效果图阶段——修改阶段——后期跟进五个阶段，接下来我们就详细讲一下每个阶段的执行方式和目的。

（一）调研阶段

一般项目启动后，项目负责人会根据启动会讨论点组织大家开会，会上一起讨论这个项目由谁做，简明扼要地讲一下项目的大概，让大家心中有个概念。开会的目的是为了让设计师形成最初的项目感觉，把项目交给最合适的人做，并合理安排组员工作量。项目负责人一般有工作量分配权。

项目启动会后，设计师需要研究客户文件、收集资料、网上找图、线下调研，等等。目的是为了让设计师初步形成理解，并开始思考，进入项目状态。这期间需要项目负责人与客户形成密切沟通，做到让客户了解项目当前情况及进度，并清楚下一步时间点，提案地点时间及形式可以提案前一天再定。同时注意语言表述，称呼工程师为"李工"，客户经理及老板为"李经理／总"；称呼都用"您"。在职场中，一些基本礼节细节，能体现出你的涵养和专业。提案场景示意图如图 2-7 所示。

图 2-7　提案场景示意图

提交调研报告时，要注意调研报告在体现一定工作量的同时还要做到精简，每一章节最后要给出结论，并引导客户朝下一步方案的方向走。报告还需注意表述的专业性，切不可让客户感觉是从网上随便找些东西来说说而已，要让客户知道我们是用专业的调研方式进行的。还要注意调研报告的逻辑性，不能东一句西一句，注意把握节奏，观察客户的兴趣点和关注点，有侧重地表述。

（二）草图阶段

汇总之前，商务前期资料及客户后来发过来的资料共享项目组成员，如果缺少资料，项目负责人需第一时间与客户沟通索要。重要文件建议发邮件，目的是为了让设计师了解项目内部元器件，明确尺寸及整体排布方式，减少后期反复，同时避免重复索要。

草图阶段虽然不建模型，但设计师需要在对客户内部堆叠、原理机充分了解的情况下开始设计，否则很容易比例失调，功能错乱，导致即使客户选了草图方案，在建模时也会有很大调整，最终偏离初始方向。

项目负责人要关注项目组成员对项目的理解及认知，把控方向，具体安排项目时间节点，以及下一步工作内容时间点，例如，当缺乏灵感时，可以让大家回去发散想法，网上找图和资料，2 小时后集中讨论。草图阶段是方案形成的主要阶段，一方面可以复盘之前的调研报告，从中寻找设计的依据和用户的诉求点；另一方面多组织头脑风暴，相互碰撞可以形成灵感的裂变。这个阶段我们可以不用太考虑成本，工艺可以做加法，让方案有更多可能性。

项目负责人组织大家进行头脑风暴并剖析每个人想法，各抒己见之后项目组进入草图绘制阶段，草图绘制完成后拿出草图一起讨论，项目负责人需明确给出设计师方向，并决定是否提案。有的设计师想法不错，但手绘能力一般，让人无法理解。这是一个基本功，草图不能靠嘴沟通，至少要让其他设计师能看懂，再谈让客户看懂。

这个阶段的目的是让设计师在画草图前增加创意想法，同时明确提案的方向。让大家明白什么方向是对的，什么方向是客户想要的，什么方向是我们追求的，哪些设计点和调研时提出的方向一致，是用户真正需要的。

（三）草图提案

项目负责人确定草图质量达标后，需要积极主动联络商务或客户确定提案时间及地点，并确定参加设计师人员，带好资料，确定讲述人。在让客户充分了解草图方案的同时，对客户的问题点及时表达及分析，做整体推进。随机应变，对于客户的疑问点临场进行充分阐述，对于客户倾向方案进行推进，准备进入效果图阶段。

当然也有一些特殊情况，情况一：客户整体不满意，方向不对，回去重出，项目负责人需检讨并且详细记录沟通，回去重新梳理方向再出一轮草图；情况二：客户感觉一般，只能选出一个，或者犹豫不决，这时需要负责人同样记录并回去增补方案；情况三：客户较满意，可直接进效果图阶段（理想状态）。

无论出现哪种情况，项目负责人都需要总结问题点，积极快速推动项目往前走。因为一般研发型项目，都有时间周期，项目负责人需要对客户的时间负责。

（四）效果图阶段

分析客户反馈，效果图一般不会完全一致进行建模，项目负责人可以根据客户反馈对每个选中草图进行合理分级，肢解。对下一步设计师建模细节进行讨论沟通，如分件、材料及装配方式等，做到心中有数，这样可以更好地把控效果图质量。明确效果图提案时间，预留好缓冲时间及排版、排 PPT 时间。

当模型建的差不多时，可以拖进渲染器里试渲染一下，然后继续修改模型，直至完美，一定要预留出排版时间。很多设计师由于项目时间紧，建模一周渲染一天，然后直接提案，这样的效果远不如建模四天渲染两天排版一天的效果好，合理分配时间，会让效果图提案更容易通过。

项目负责人有义务对包括渲图光感材质、平面排版、场景图质量、细节图质量、文案质量等环节进行把控。当所有方案达到提案要求或提案约定时间到达时，项目负责人需预约客户进行提案。

效果图提案在项目期间尤为重要，客户将第一次见到实物一般的产品外观、使用方式，以及设计的全部细节，所以要重视并做到最好。一个好的案例不仅仅会为公司带来客户的褒奖，同样也会在设计师的作品集里留下令人赞叹的一页。

（五）效果图提案

效果图提案之前，首先要确定主讲人，并让主讲人熟悉每个案例。一般主讲人为项目负责人或资深设计师。作为整个会议的把控者和组织者。在提案期间要让客户明白每个方案的亮点及设计的思路。同时，随机应变地积极推进客户的反馈，尽量让客户选择一款进行深化或结案。如果无法选出，我们在积极满足客户修改意见的同时，要对客户进行方向分析。不是客户说的一定就对，产品设计是我们的专业，在专业领域一定是以我们的意见为主，除非个别强势客户。对客户进行方向上的区分，对于效果图，我们需要尤为重视客户的反馈。最终会出现三种情况，情况一：客户整体不满意，方向不对，和草图阶段一样需要反思，总结，进行方案重出；情况二：客户感觉整体一般，无法选出方案，但可以提出具体意见，进行方案之间的结合，需要项目负责人记录客户意见，并组织修改方案；情况三：客户较满意，直接选出方案，现有方案微调或结合现有方案微调（理想状态）。

无论出现哪种情况，项目负责人都需要明确客户修改点，积极快速地让客户确认，当然此处需要具体客户具体分析，不可不用力，也不可用力过猛，一切还是为了服务更好的体验。

（六）结构／手板阶段

当项目进入结构阶段，ID 设计师可以慢慢淡出，但不是放手，项目负责人需要了解结构设计进度，客户可能随时会问，我们提供的是一套服务，所以说，无论外观还是结构都是一个项目组。

设计负责人和中标设计师还需要配合结构参与结构讨论，保证设计的落地和还原，也会经常出现设计师没考虑到的一些结构问题，例如，拔模角度不够、无上法拆件装配，等等，都需要项目组一同讨论解决，当然，此时也会有结构设计总监进行同时把控。

结构做好后，一般会预约客户进行图纸验收，项目负责人协调进行汇报，客户确认后进入手板制作阶段，手板一般分外观手板和结构手板，结构手板可以满足使用等最终功能，而外观手板大多是验证样子，无法使用。

手板制作完成后，项目组一起查漏补缺，对手板进行分析，不要把它当作最终的成品，还应为客户提供客观的意见和建议。手板阶段就是发现问题，解决问题的阶段，如果开模之后再发现问题，客户的损失会非常大。

（七）其他注意事项

与客户沟通时，注意遵守约定，按时到达。日本有 15 分钟原则，就是在与客户约定的时间的，提前 15 分钟到达，一方面是怕路上有情况晚到；另一方面可以提前在约定地点准备一下，让沟通更加顺利。我有一次按时到达被项目负责人批评，因为你永远无法保证能次次准时，对于商业合作，尤其需要关注细节，早到是对客户及项目的尊重，守时更是一种基本的礼仪。

注意提案时的着装，设计师见客户一般不会西装革履的，但也要穿着得体、舒适，带笔记本和笔，以及名片，这些都是基本的常识，有些设计师喜欢带电脑提案，也是可以的。

另外，还需要做好项目整体的文件备份，确保组织过程中文件的保留，无论是对未来的复盘，还是修改都非常重要。

■ 第六节　态度：
认真对待每一个项目

一、没有改不好的项目

我们在设计方案时会经常遇到反复修改的情况（见图 2-8），就像在画画的时候，老师会教导我们说："没有一幅画是改不好的，只要不放弃，就有可能创作出一幅好画作。"这句话对我触动很大，在毕业之后，面对每一个项目时我都会想到这句话。既然没有一幅画作是改不好的，那么项目又何尝不是如此？坚持着这个信念，我大大小小做了 200 多个项目，没有一个是做不下来的，没有一个是改不好的。这是一种态度，指引我做好每一个项目；指引我在项目进行不下去的时候继续前进；指引我在面对客户的咆哮、质疑的时候，仍然能够坚定地继续前进。

图 2-8　设计方案时反复修改

与其说每个方案都会有更好的未来，倒不如说，这是一种不抛弃、不放弃的精神。可能你会说，做设计又不是在打仗，为什么要严肃？但是在我看来，每一个新项目就像一个新的战场，都要拿出百分之百的能量去战斗，用尽全力解决问题。很多时候，并不是我们设计不好，而是我们倦了、疲了、意志松懈了，不足以设计出更好的方案。

当然，不断地修改和反复地打磨需要更多的时间，所以也要视项目的情况而定，有没有时间去推敲和打磨，有没有条件去支持创新创造。这个问题的答案，我认为更偏重设计师的主观意识。

二、设计为国

"为祖国生日献礼，贡献青年设计力量，能把所学专业和祖国需要相结合是一件值得欣慰的事。"这是我在去年国庆节之后发的朋友圈（见图2-9）。

图 2-9　在朝阳体育馆展览的创新驱动彩车

在 2018 年之前，我是不会相信自己能够成为一名彩车设计师的，或者说，不会把彩车设计和工业设计联系起来。但是设计就是这么奇妙，拥有跨越领域的魅力。

2019 年 1 月，新春将至，中华人民共和国成立 70 周年国庆彩车的设计工作已展开，诸多彩车设计方案还没有确定，三十多辆主题彩车的设计重任有待完成，尤其是"创新驱动""圆梦奥运""脱贫攻坚"等主题彩车更是重中之重，各大高校使出浑身解数进行突击。这时，焦急的指挥部领导找到了我们，希望可以基于我们本身工业设计的优势和创新、创造力，给予彩车设计全新的血液，提供新的想法，就像一只特工队一样，打开局面，突击难点。

刚接触彩车时，我们也是一头雾水。第一，之前没做过类似的设计；第二，对于材料构成等细节方面的知识储备不够。但是，如果我们把彩车当作一件产品来设计，也许思路上行的通。于是，我们就把国家当作客户，把 70 周年主题看作需求，开启了一次特殊的设计旅程。

接下来，我们针对"圆梦奥运""创新驱动""脱贫攻坚"等主题彩车进行了初稿方案提交，遗憾的是，领导看过后觉得方案没有亮点。正在此时，原定的"科技创新"和"大国重器"两个方阵合并，"创新驱动"彩车还无人设计，领导就问我们要不要再试试。

后来的几个月，我们浏览了大量网站，调研了很多机关单位，听取了国家各部委领导的大量意见，痛定思痛，决心不走 60 周年传统彩车花多船多、以堆砌为主的老路，而是走一条全新的创新之路一定要做出一辆"创新"的彩车。

三、创新就是做不同

其实，彩车设计并不是一个独立的设计专业，它介于景观、装置、园艺、产品、舞台等设计之间，融合了雕塑系、产品系、景观系，甚至舞台系的设计元素，可见它的范围之广。那么，作为产品设计师的我们，如何把几十米的庞然大物当成产品来设计呢？

彩车设计是一个系统性的任务，我们经过讨论，决定按模块化设计手法将一辆彩车变为三辆彩车。设计方案的讨论过程如图 2-10 所示。

图 2-10 设计方案的讨论过程

初步构想：使有着 7 米间距的 3 辆"创新驱动"彩车，即"复兴号""天宫""蛟龙"，在天安门前忽然合而为一，科研人员代表从车内升起，向着天安门招手。

这一幕让观众的情绪瞬间达到高潮。

多车游行时的组合变化虽然很新颖，但这种组合变化过程中很可能存在一定风险，对驾驶技术和三车的对接处设计要求很高，一旦在天安门前发生碰撞，结果是难以想象的。

最后提交"三车合一"的设计方案时，我们的心里很忐忑，真不知道指挥部会不会冒这个险。然而没想到的是，方案很快通过了，我们开始继续对其深化。从"3"这个数字引发联想，集合这些年有突破性的创新成果，从海、陆、空这3个方面中寻找元素。经过激烈讨论，我们将主要元素确定为公众耳熟能详的民用设备（见图2-11）。

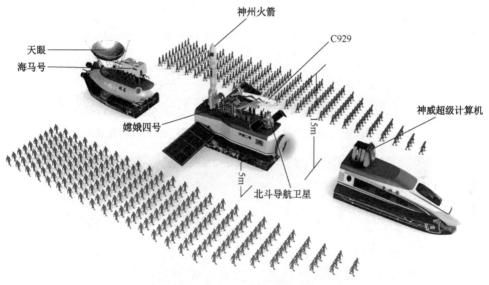

图 2-11　设计方案

最后的方案：1号车是"陆"，以"复兴号"为主要形态，车上搭载神威超级计算机；2号车是"空"，以"天宫二号"为主体，搭载"长征"系列火箭、北斗卫星、C919及"玉兔二号"登月车；3号车是"海"，以深海探测器"蛟龙号"为主体，搭载"天眼"和另一个型号的深海探测器"海马号"。3辆车的基座都是灯光条，但形态各异，分别为铁轨、星云和海浪，当3辆车连接起来的时候，车上的"太阳能电池板"等部分元素随着机械臂的工作而收拢，视觉上仍然给人以一辆完整的"复兴号"的感觉。

在国庆节当天的游行中（见图2-12、图2-13），"创新驱动"三车在天安门前完美合体，此时，1号车车顶打开，搭载着科技工作者代表的升降坪缓缓升起，中国科技人员代表突然出现，向天安门方向挥手。

图 2-12 国庆节当天"创新驱动"经过天安门主席台时的直播画面

图 2-13 新华网画面

选择"复兴号"为彩车主题，象征着中华民族的伟大复兴，象征着中国科学技术的飞速发展。

国庆节当天，当"创新驱动"彩车经过天安门时，我手心里全是汗，紧张极了。如果再让我们诠释一次创新的意义，我们还是会选择做不同，这就是我和我的团队对创新的理解。

这个项目给我最大的感触是，只要认真对待每一个客户，肯动脑筋想办法，再大的项目也能做下来。

第七节 乙方：
和甲方去谈恋爱

一、甲方乙方

在商业合作中，合作双方中的一方是需求委托方，另一方是需求接受方，设计师往往是需求接受方，即乙方。甲方和乙方的关系，以及设计类项目的合作是一个永恒的命题。我有多年服务乙方设计公司的经验，所以在这个点上可以跟大家做一些分享。

我的第一个体会是：甲方说得不一定对。为什么这么说呢？我刚毕业参加工作的时候，经常会遇到客户引导设计的情况。客户明明在发出设计需求，为什么还会引导设计？这是因为客户在他所在的行业里一般都有较多经验，有完备的知识体系。在客户所在的行业中，我们的知识框架和体系不足以能够和客户处于同一水平，所以我们会有很多时候无法掌控客户，或者无法与客户在同一个认知的维度上沟通，很容易觉得客户说得都对。再加上甲方在主动权、决策权上具有天然的优势，因此，设计师往往会更加被动。

这时，我们需要多问自己"客户说得对吗？"在我们心里一定要有这样一个认知：如果客户说得对，我们可以听他的；如果客户说得不对，应该把项目往好的方向引导，不要听之任之。

其实，客户往往会认可你所提出的不一样的意见，这恰恰证明了你的专业性。当然这里还需要我们去准确拿捏，随时做好阐述的准备，时刻凸显我们的专业度。

一个项目可能会受多个人的主导，就像职能经理会站在不同的角度去看待产品。具体地说：硬件经理会从内部堆叠硬件使用等角度思考；机械经理会从传动装置力学等角度分析；对接生产的经理则更多会从成本、加工工艺材料等角度建议。我们在对接不同的职能经理时，需要从不同的角度去沟通，这样更有利于项目的推进、产品的落地。

二、甲方最需要的是什么？

甲方需要我们对其负责，还是对其产品负责？我认为，我们应该对产品负责，也就是说，对用户负责，对消费者负责，这才是对甲方负责的体现。这就需要我们有效引导客户做出正确的决策，为设计方案落地做准备（见图 2-14）。

图 2-14 引导客户做出正确的决策

有效引导客户有很多技巧，例如，表面认同客户的建议，实则在操作过程中进行合理调整。其实客户也是看结果的。我们需要对结果负责，需要为客户所付的报酬负责，不能对客户唯命是从，而置项目本身于不顾。

还有一种情况是，我们和客户存在分歧，都觉自己是对的。这个时候，需要仔细分析问题，并找来更有经验的人一起论证。最终，不管是听客户的，还是听我们的，只要把产品做到最优就可以。合作就是结合对方的长处把产品做到最优。

当然，我们大多还是听客户的，这是毋庸置疑的。这里我想表达的是，往往因为设计师年纪较轻，阅历较浅，职位较低，因此经常在合作过程中无法掌握话语权和主动权。那么，我们就要守住最核心的一片领地，那就是设计的专业度，在这里我们是最专业的。既然客户向我们发出了付费委托，那么他们就是希望用我们的优势来推进项目，无论工作几年都应该有这个心态。

三、沟通原则

（一）摆明原则和底线，统一价值观

很多时候，作为乙方的我们，会为了成单或维系客户关系而做一些妥协或轻易答应客户的一些诉求，这些都会为接下来的合作埋下不好的伏笔。甲乙方合作就像谈恋爱，在最初的时候一定要摆明原则和底线，互相尊重。这样才是合作的良好开端，有助于接下来统一价值观，统一对合作项目、对行业的理解。例如，在合作一款消费类电子产品时，除了需要对产品本身的定位进行讨论和统一，对产品所承载的意义和传递的价值观也要一致。

（二）沟通合作模式，确定工作职责

合作模式很多时候会在合同中列出，但是，在合作过程中也会有界限不明确的时候。例如，甲方也有设计团队，与乙方在合作时，两个设计团队的职责和定位具体是什么；不同的客户套用同一个模板是否效率最优。这些都是需要我们在合作之初就去考虑的，商务团队相比会更多地主导这部分工作，但设计师也要了解，因为这与接下来的设计工作息息相关。尤其是设计方案的主导和选择权，需要统一评判标准，不是甲方说不行就得改，一定要有理有据。

（三）换位思考，说对方能听懂的话

"换位思考"很好理解，就是站在对方的角度去思考，"说对方能听懂的话"。设计师在面对甲方提案时会接触不同的人，首先从级别上，有可能是高层、中层或技术人员，从职业上，可能是销售部、结构部、研发部、生产部或设计部，不同级别的甲方需要用不同的沟通方式，这取决于设计师对他们的了解。

如果面对的是高层，由于他们比较忙，因此参与项目讨论时，更多的是关注大节点，希望起到核心决策权和项目知情权。这个时候，我们就没必要说得太细，重点介绍方向和亮点，让他们提意见；如果面对的是中层技术人员，他们需要向上级汇报，更多的是要把控项目的走向，方案的方向，设计师就要向他们介绍这些方面的信息。因此，要从不同的职能角度有所侧重。

如果是销售部门主导的项目，那么销售主管或总监一定会对产品的市场和用户更为关心，他们在意经销商等的建议，销售渠道不同对产品的需求也不同。如果是硬件部门主导的项目，则一定会从电路板的排布、硬件堆叠的方式、布线的合理性等角度对设计提出要求和指导。作为产品研发链条里的不同环节，客户和我们一样也会站在不同的角度去分析方案的可行性。我们需要对不同的人说不同的话，这样才更有利于方案的推进。

当然，有时会存在客户按自己的角度去评判设计，和设计师沟通的情况。如果设计师没有像客户那样足够的职业经验，就很容易产生产品信息不对等的问题，让客户觉得设计师不专业，而设计师又觉得客户不懂设计，从而影响项目进度。因此，换位思考和说对方能听懂的话尤为重要，这对设计师的情商也是一个考验。

■ 第八节 报酬：
放长线钓大鱼

一、经济基础决定思维模型

经济能力决定思考维度，月薪过万是个分水岭。在毕业之后的很长一段时间，我一直处于穷困潦倒的状态，但我相信总有一天可以实现月薪过万。经济基础见图 2-15。

图 2-15　经济基础

毕业之后、月薪过万之前，会有一个过渡阶段。需要注意的是，基本的物质需求虽然是我们生活的基础，但是也不要过分地去追求。我们更应该关注的是成长的效率。如何通过自己的努力在短时间内具备能够月薪过万及更多的能力，以及如何使自身有一个质变。有些人毕业后参加工作四五年能月薪过万，也有的人毕业后参加工作一两年就能达到这个水平。这里面可能有自身的原因、机遇的原因等等，薪水的高低不能完全说明一个人的能力，但决定了一个人的经济基础，而经济基础又决定了一个人的思考维度。例如，我们有了一定的经济基础后就会时不时想：要不要买一个什么产品，要不要跟风，或者要不要购置一些喜欢的东西，这无形中就有了更多地接触产品和体验产品的机会。又如，我们出行，如果因为受制于经济条件只能选择便宜的酒店或住所，工作中让你去设计星级酒店里的产品，这一段经历缺失就让你无法瞬间弥补。

我自己的一个最大的体会是，并不是现在挣得比之前多了可以怎样，而是当我们不用为基本生活担心时可以抽出更多的时间来思考，做更多其他的事情，例如，远行（见图 2-16）。以前我们总是想如何能够把这个客户服务好，如何多拿提成，或者如何能够找到一个更好的工作，待遇如何，五险一金是否齐全，公司与家的距离的远近，等等这些具体问题。现在，我不会关注这些问题，而是关注这个工作对我的成长有多少帮助，这就是有一定经济基础后的改变。

图 2-16　远行

当物质水平达到一定程度时，我们就有了更足的底气去做一些事情，而不用瞻前顾后、谨小慎微。这样，更多的人生体验才会被解锁。很多时候，我们生活的圈子也会由于我们的经济能力所局限在一定范围内，这是每个职场人都会有的一段经历。人生就像过游戏关卡、打怪兽一样，解锁这一关，还有下一关，所以我们要不断地进阶，超越自我。

当我们有了一定的经济基础之后，该如何规划呢？我建议娱乐的比例不超过 10%，购物的比例不超过 50%，我们就可以拿出一部分的工资用来对自己进行投资。越年轻的时候学习能力越强，所以要尽早地为自己创造学习的机会和条件。在学校的时候有老师教，毕业之后可就得靠自己了。毕业几年后你会发现，真正拉开你和同事之间距离的，并不是工作的 8 个小时，而是工作之外的时间，另外 8 小时。人与人更多的差别会体现在这一个时间段里，有人可能会玩游戏，有人会参加 party，有人会吃饭闲聊，也有人会参与一些培训班补课，还有人会选择和家人多进行一些交流等。这都没有任何的对错之分，每个人的人生是自己的选择，我们的人生方向和高度也在一次次选择中而变得不同。

我只有一个建议：如果你想让自己变得更优秀或与众不同，那一定要把握住工作之外 8 小时。我们在刚毕业的时候，最容易忽视的是时间，最珍贵的也是时间。当你沉浸在挖到第一桶金的快感的同时，也要抓住大好时光，努力适应新环境，在错综复杂的人际关系里把握权衡。

人生最美妙的就是通过自己的努力获得自己想要的东西。把一切交给时间，我们只管低头努力就好，也不用想当你有了钱之后会如何，因为未来的你很可能已经不是现在的你能思考到的。在大城市快节奏的生活中，自己今天进步了多少？我的下个月目标是什么？我今年要完成几件事情？我觉得这是更重要的。

二、设计师薪资成长曲线

设计师在一线城市的大概的薪资成长曲线如图 2-17 所示，从图中可以看出，优秀的设计师和普通的设计师在毕业 3 年后就会拉开差距，而在 5 年后这个差距将被拉得更大，能坚持 10 年的设计师很少，所以身边靠设计挣大钱的人基本没有，更多的是转行或在基层一直混着。当然，这也符合正常的职业规律，普通人在一生中都会更换很多次工作，这个没有定论。鲁迅换了 6 次职业，而国外的人 40

岁之前平均换十几次。因此，如果我们 25 岁参加工作，那么在 35 岁之前换工作的概率还是很高的。当然换工作并不是说要从之前的工作中独立出来，有的人是在行业内换，有的人是在相关工作间寻找，也有人直接跳到另一个行业。

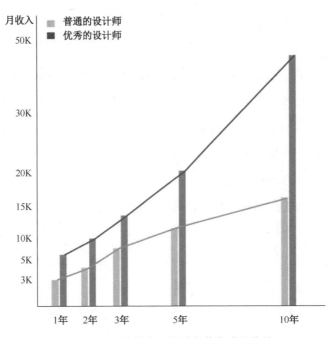

图 2-17　设计师在一线城市薪资成长曲线

那么按上图来说，在你工作 10 年时有机会年薪达到 50w，事实上，对于工作 10 年的人来说，年薪 50w 并不是一个多高的收入，在一线城市买一套房，需要你 10 年不吃不喝。因此，在设计这个行业中，想单纯靠设计挣大钱是不现实的。当然，我身边也有设计出身，买车买房奔小康的，他们之中有自己开公司的，有在企业做高管或资深设计师，私活不断的，也有跨行业做其他工作的，等等。

这么说并不是要打击同学们的自信心，以北上广一线城市产品设计毕业生平均工资 3～4k 为例（现在可能在 4～8k），远没有从事体力劳动的工人和商贩赚钱多。归根到底，一方面，现在学习此专业的人数逐年增多，而岗位数量是一定的，所以竞争会很大。另一方面，产品设计是很依赖经验的职业，而对于刚毕业的学生来说，最欠缺的就是经验，所以用人单位会更加慎重招人，会综合考虑你为企业带来的价值及对你的再培养。

因此，一边是企业在犹豫是否培养毕业生，另一边是大量资质平平的设计师源源不断地涌向社会。没有公司希望自己被用来练手，也没有企业希望自己为其他企业作嫁衣。设计师也有自己的顾虑，一方面希望找到适合自己的企业，另一方面又希望能够找到锻炼自己的好平台。在纠结中，渐渐不知道自己适合什么，又想去哪里。

我在刚毕业的时候就是这种状态，又想去企业，又想去设计公司，尤其想去大设计公司，加入好的设计团队。现在很多学弟学妹在问我这个问题时，我更想说：首先接受设计师并不是一个技术壁垒多高的职业的现实；其次，接受多劳少得的现状，熬过去就会有更好的未来。这个熬就是等那些没那么爱设计的设计师转行，等那些吃不了苦、进取心弱的设计师掉队，等那些需要更好的设计师的人来找到你。

对抱着挣大钱投身设计的人来说，设计行业的短期回报率甚至不如去路边摊煎饼。但作为长期职业来说，设计师的社会认可度、办公环境等还是不错的。当工作几年后，设计师把设计技能转化为设计思维，就变成了有设计思维的企业家、工程师或销售等。

事实上，一线设计师的生存现状并不好，做着朝九晚九的工作，拿着月薪几千的工资，加班没有加班费，客户轰炸式地"骚扰"，明明是假期却要紧急改图，面临着生活、工作、情感等多方面的压力和困扰。很长一段时间里，我也在想为什么父母为我们投入了极高的教育成本，上了不错的学校，毕业后却拿不到理想的薪资呢？这是因为，首先在大学中我们学习的课程和专业能力与企业要求有差距，例如，我们大学里掌握了形态设计，掌握了色彩构成，到实际项目中应用的时候你会发现需要重构知识，或者说需要重新学习。这里就涉及企业对毕业生的再培养，需要投入人力物力成本，而且还要承担初级设计师设计方案不完善带来的风险，这些都叫试错成本，同时还要承担员工离职的风险。例如，小 A 刚入职一家公司，在工作一年后跳槽到另一家公司，那么他所在的第一家公司所承担的就是小 A 的再培养风险和试错成本。

很多设计师会纠结毕业后是去设计公司，还是去企业。

我的建议是：

第一，多面试几家不同的公司，一方面增加机遇和选择权，另一方面积累面试经验。第二，在毕业前可以提前几周投简历，避开核心竞争的月份。第三，毕业后尽快投入工作中，在上学时可以按着学校、老师的计划走，但毕业后的每一分钟都是自己决定的，这需要你快速投入快节奏的工作生活里。第四，尽量不要有大段的时间处于无业期，在面试的时候经常看到设计师几个月或一年处于职场空白期，那么你去做什么了？你在这一期间的思考是什么？没有进步就是退步，所以要保持职业生涯的连续性。第五，突出和强化自己的优势，在 2021 年的今天，我很深刻地感受到设计专业的学生越来越多，但有特点、极优秀的并不多。在面试时我会比较青睐有专长的，例如，会参数化建模，或者是学习过 CG 手绘板，再或者是会使用工程建模软件等。在这个竞争激烈的时代，你必须找到自己的特点并发挥出来。第六，第一份工作薪资可以低一点，但平台要好，第一份工作可能会奠定你的职业方向，所以选择的时候建议多看成长空间和企业能提供的平台。第七，工作前 3 年注意积累人脉，刚毕业时候的一些同事极有可能变成你的终身的合作伙伴，大家年龄相仿，经历相似，未来会在设计圈里各有侧重，所以要积累好初期的资源。5 年后就不会单纯地因为认识你而和你合作，更多的是互取所需。第八，建议选择有一定经济规模的一二线城市，一方面就业选择机会多，另一方面生活条件也都不错，可以长期定居。

总之，做设计解决温饱不成问题，想实现财富自由需要努力，坚持下来就会有收获，我们付出的精力在早期和待遇不成正比，而后期所收获的也不是其他职业付出所能比拟的，有人觉得 100 万元是成功，也有人觉得 1 亿元才是成功，所以衡量成功和财富的标准、定义不同，无法比较，符合自己的人生理想和追求就好。

三、产品设计师就业

我曾经罗列过产品设计师毕业后的求职方向：

（1）设计公司 / 服务型设计机构，做 ID 设计师。

（2）设计创意相关工作室、科研单位，做设计类工作。

（3）各行业中小公司，从事相关设计工作 / 企业设计师。

（4）较大企业设计部（如联想，海尔，小米、华为等）。

（5）其他初创团队互联网硬件公司（设计合伙人）。

（6）其他相关品类设计公司（家具 / 动漫衍生品 / 首饰珠宝 / 文创等）。

（7）用户研究 / 商业咨询 / 品牌设计 / UI 视觉等。

（8）创业。

工作城市：

毕业后，北京、上海、深圳等城市就业机会比较多，就业机会从多到少的顺序是：①北京，②上海，③深圳，④广州，⑤杭州，⑥成都，⑦南京，⑧苏州，等等，基本上是按城市的经济水平和发展水平决定的，四五线小城市的求职机会不是很多，所以做设计还是得往大城市走，如果以后有了资源，可以再返回小城市开工作室。

还可以直接选择学校所在的城市，例如，我本科是在大连读的，那就可以选择留在大连做设计，只是大连的产品设计公司比较少，所以就到了北京。另外，可以选择离老家近一些的城市，毕竟"家"的概念在国人心中还是很重要的。如果单从产品设计来说，深圳聚集了全国一半的设计公司，适合学习，积累项目经验。

当然毕业后选择的第一个城市不一定是你未来生活的城市，因为年轻所以会有更多的选择。

毕业 5 年后产品设计师的职业方向，大致如图 2-18 所示。

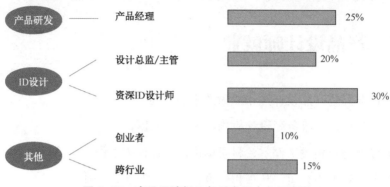

图 2-18 产品设计师 5 年后发展方向示意图

（1）资深产品设计师：组长 / 设计主管。

（2）产品经理：从产品研发到销售的全流程指导和把控。

（3）项目经理：负责项目整体把控、定位，以及衔接各部门运作。

（4）商务经理：又称客户经理，负责项目前期洽谈及客户维系。

（5）生产导出：负责与加工厂联系，以及产品落地端具体事务。

这是我估算的有 5 年工作经验的产品设计师未来的职业方向比例，可以看到继续留下来做设计的只占 1 / 3，另外一部分做了很久设计师之后会转型做设计管理，还有一部分因为在产品研发的圈子里混久了，开始做产品经理，甚至有野心的设计师开始了创业。无论如何，产品设计师的可选择方向还是比较多的，所以选择自己喜欢的方向，毫不犹豫地走下去吧！

设计师并没有严格意义上的层级划分，我总结的不同等级设计师的关键词如图 2-19 所示，供大家参考。设计没有资格证考取，不像会计、建筑那样方便规范命题，统一测试。也许未来有一天设计师也可以评职称，这对设计师而言是更公平的体现。

我把自己毕业后经历的几个设计的阶段分享给大家，如表 2-2 所示，希望能引发你们的思考。第 1 年，为客户做设计，那时候经验不足，以学习为主，项目组有很多个方案，希望自己的方案能够中标，这样才有落地的机会，那时没有考虑那么多，设计方案也比较大胆，无拘无束。

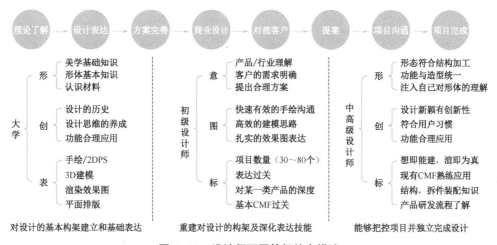

图 2-19　设计师不同等级特点描述

表 2-2　设计师毕业年份与自我评价标准

毕业年份	第 1 年	第 1~3 年	第 3~5 年	第 5~10 年	10 年+
阶段	为客户做设计	为行业做设计	为自己做设计	为人类做设计	万物皆设计
标准	经验不足，把初产品做出来，以定案为目的	拥有一定的经验，以为客户做突破，做行业爆款为目的	拥有自己的设计风格，并懂得将自己的理解注入产品	经验丰富，把握到更加前沿或深邃的研究，以人类为导向	做任何事都有设计的思维

第 1~3 年，有了一定的经验，对行业也有了更多了解，开始想为客户、为自己做出行业领先的设计，或者对行业有突破意义的设计。

第 3~5 年，经验更足了，能够把握设计的风格，在设计中注入自己的理解与喜好，这时是极好的塑造自己设计价值观的时期，学习能力也更强了。

第 5~10 年，是我现在经历的阶段，我理解是在为人类做设计，这时无论谁找我做设计，我都会找到最核心的用户，基于他们的诉求做设计，做可以解决问题的设计。

10 年以后，是一个并不遥远的未来，我只希望自己是一个具有设计思维的人，无论做任何事都能以设计的思维和方式去实现。

■ **第九节** 转行：
设计间的游走

一、从工业设计到 UI 设计

我大学工作室里的朋友们，大部分还在坚持着工业设计，有几位女同学一毕业就转到了 UI 设计，现在都做得很好。我在向其中一位同学 W 取经后，分享一些经验给想转行的设计师们。

我问她："转型这几年有什么收获？"她打趣地说："除了转型这一件突破性的尝试，我一直在按部就班地工作，不过一切都像是冥冥之中的安排，但也好像都是在计划中的。"

我的大学工作室导师曾经说过一句话："学工业设计的学生，做什么都可以！"意思是学工业设计的，不想做产品了，还可以做视觉、做交互、做产品经理等。

（一）决定转型

毕业之后，大家都会面临选择工作的问题。但是，对于早已打算转 UI 设计的 W 同学来说，她根本没有犹豫。也许是因为听了做 UI 设计师的学姐的推荐；也许是因为觉得工业设计不适合自己；更也许是因为当时的工业设计和 UI 设计相比，在国内并没有很火，总之这些因素都促使她毅然决然地投向了 UI 设计的怀抱。

转行后，她一切从零开始，每天都在上网学习，什么是 UI 设计？然后临摹别人的作品。花瓣网（见图 2-20）是陪她度过一个个挑灯夜战的夜晚的伙伴。

图 2-20　花瓣网

（二）准备新的作品集

如果你决定好了要做设计师，就要做相应的作品集，视觉设计师的作品集和产品设计不同，更偏重于视觉表现力，UI 设计师的作品集除了产品的 UI 设计以外，最好有些交互思维的体现。而交互设计师的作品集则侧重于交互逻辑，产品思维的体现（见图 2-21～图 2-24）。产品经理和运营则不太需要作品集，写好简历即可闯天下。

图 2-21　手机界面设计作品 1

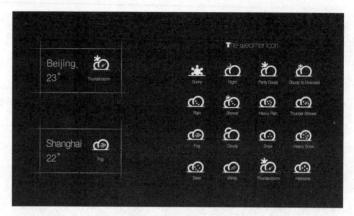

图 2-22　手机界面设计作品 2

图 2-23　手机界面设计作品 3

图 2-24　手机界面设计作品 4

（三）投简历渠道

做好了作品集，就要开始找工作了，可是新的问题也来了，把作品集投到哪里？直接找到目标公司网站还是通过招聘网站 App 来投？

关于找工作，很多同学只知道智联招聘，其实信息接收的渠道有很多，例如，在拉勾、脉脉、BOSS 直聘、领英等可以找互联网行业方向的工作。另外，还要多跟身边的人交流，这样可以获取到更多的信息。

很多大厂都会有自己的内推渠道。走这个渠道的同学，可以提前进入校招，占领一个坑。例如，我一个工作室的同学就是参加了海尔的内推面试，毕业后直接去入职。

内推对设计师也很重要，设计师与其说是作品职业，不如说是口碑职业，所以有内推一定是个不错的选择。在一个城市里，产品设计的圈子很小，工作几年后，很多设计师的流动都是朋友、同事之间的互相推荐，所以广积人脉是很重要的。

（四）面试前的准备

前几天面试一个刚毕业的学生，在面试中答非所问，我尝试引导式地提问，他也只是机械地回答，根本不知道我问他的目的和用意，这样面试效果就大打折扣。记得我刚毕业时第一次接受面试，也很忐忑，但好在做了些准备，回答得比较真诚，所以一方面是准备，另一方面是如实，切不可夸大其词，要有自信，但不要让面试官感觉到你很自负。

投简历可以先找一些小公司练练手（这样说可能对小公司不负责任）。设计师虽然靠作品说话，但是面试的状态也很重要，有些同学虽然作品一般，但靠出色的谈吐、清晰的逻辑和敏捷的思维博得了面试官青睐。

这里再分享一个小技巧，当我们做完作品集之后，先不要着急投简历，这时可以先找个前辈帮自己看看作品集，或者先给别人讲讲自己的作品。假如当你开始面试之后，如果多次不通过，那么更会陷入一种自我否定。所以最好在面试前就让身边的朋友给些建议，这样更能事半功倍。

（五）面试流程

接下来分享一下一般公司的招聘流程，供大家参考。

第一轮：作品集大关。作品集是打开面试大门的钥匙，第一轮邀约面试与投递简历的比例，就能证明作品集质量的好坏，这相当于海选或初选。

第二轮：面试大关。大公司的面试一般都会有 3 轮左右，所以面试是一个持久战，每一轮的面试重点也都不一样。例如，第一轮面试更多的是专业技能，就像做 tob 行业的面试官最喜欢问的问题就是：你觉得 tob 和 toc 的区别是什么？而此刻如果你都不知道什么是 tob，什么是 toc 的话，又怎么回答它们之间的差别是什么呢？第二轮面试侧重于交叉通用能力如学习能力、沟通表达、随机应变能力等。

第三轮：终选大关。这轮的面试官可能是领导，也可能是部门主管，主要针对个人性格、品质方面进行考量，进入第三轮的同学，就相当于半只脚踏入公司了，没有太大问题一般都会通过。

（六）面试技巧

1）知己知彼

研究表明，面试官对经常提及公司名称的人有明显好感。面试失败的人大都很少提及公司的名称，而成功者提及公司名称的频率比前者高出 4 倍之多。另外，对公司及应聘职位有较多了解，也能向面试官表明自己对公司很感兴趣。成功的应聘者往往会明确表明他们已收集了多方面有关公司的资料，并会提及这些资料的来源，例如，书刊、公司宣传手册或来自朋友等。而失败的应聘者往往表现出对公司情况所知甚少，并想利用面试机会来收集信息，例如，他们会问："您公司的主要产品是什么？""您公司的设计风格如何？"等。

2）注重形象

对于一般求职者来说，穿着得体即可，但对于设计师，我会更注重他的穿搭细节，例如，背什么包，带什么饰品，衣服上的图案是什么样的，这些都能或多或少地体现一个人的品味。设计师自身也是一个作品，注重细节的设计师，也会同样让对方感到舒适。

3）随机应变

我们还需要有对时间与话题的控制能力，在失败应聘者的面试过程中，只有37%的时间是应聘者在讲话，剩下的时间都是面试官在说。而相比之下，成功应聘者则大为主动，他们占用了55%的谈话时间，并提供了56%的新话题，这能充分体现他们在与人交往中的积极主动与自信。在面试过程中，你必须识别面试官的身体语言变化，当其坐立不安，眼看桌面的小东西，手指头轻敲着桌面时，你可以试着改变话题或主动提问题，让面试官重新回到谈话中来。当面试官分神时，表现为眼睛到处游移，或者看着桌上的东西，这时，你说什么他都没有听进去。当面试官不太愉快时，通常表现为双手在胸前交叉，身体向后靠，明显的改变坐姿等。当面试官对你的话感兴趣时，表现为坐姿向前倾，眼睛注视着你。

4）深讲一个案例远比泛讲一堆案例更好

设计师在面试时经常会把案例过一遍，但要注意的是把握面试官的兴趣点，结合目标公司的方向。可选择精讲一个案例，把自己的能力和对设计方法流程的了解融入其中，让面试官觉得你是有深度的。

（七）等结果与后续

面试结束后基本就是等通知，通过的话，选择权就在你的手里，没有通过，也是在积累面试经验，没有坏处。针对面试官经常问的问题可以提前准备好，这样再投递目标公司时，成功率也会更高一些。

需要注意的是，面试是一个双选的过程，不单单是公司选你，你也在选择公司。很多面试官也会问你"对公司这边有没有什么问题"。这时就要勇敢地说出来你对这家公司的了解，对其业务方向的了解，以及你的具体需求。

（八）如何做最终选择

那么如何选择一家目标公司呢？如果你是刚毕业的学生，没有系统地报过培训班，或者在组织完善的公司 / 团队实习过，那么最好还是要找一个好的师父。这个师父不一定非要进大厂才行。这样你才能打好基础，系统地学习 UI 设计与交互设计，否则，未来的路上可能一直都是跌跌撞撞，野蛮生长的。

而当你真正进入一家公司之后，你的职业生涯才刚刚开始。以前听过一句话："毕业之后，你的所有能力都来源于自我学习能力"，现在回想起来真的很有道理。以前在学校，老师家长都会逼着你学习，同学也会拉着你一起学习，而毕业之后，所有的学习都要靠自己。最开始的时候就是每天逛"站酷"，后来就是"优设"，再后来是"微信公众号""网上公开课"等，学习的渠道越来越多，自己的知识储备也变得也越来越多。

有句老话叫"技多不压身"，学习到的技能，都会使工作中有了更多的可能性，所以 W 同学后来按计划一步步进行，又完成了从 UI 设计师到交互设计师的转型。当 UI 技能掌握得差不多的时候，就想要开始尝试更难的事情，而后来很火的"全栈设计师"，她也在尝试努力靠近，也许不远的一天她又有了新的职称。

最后，总结一下，设计间的游走，是一件很正常的事情，把握住两件事：①明确自己的目标；②不要放弃学习，突破自我。找到真正适合自己的设计方式和自己喜欢的职业才是年轻时候该做的事。

二、UI 设计实战

到底什么是 UI 设计，什么是交互设计？

UI 英文为 User Interface，也就是：用户界面。互联网公司的 UI 设计师是指在软件上进行交互界面的设计，例如，手机 App 上的每一个界面，你截屏下来的那一页页的图片就是 UI 设计师日常画出来的图。而这张图的背后其实是多角色合作的结果。大公司统一叫用户界面设计师，实质上会将用户界面分为视觉方向、交互方向和用户研究方向。这里推荐一本书——《用户体验要素》（见图 2-25），书中详细介绍了什么是用户体验，最核心的便是将用户体验分为了 5 个层次，介绍了用户体验的每一个要素。表现层对应着视觉设计需要关注的内容，框架层与结构层是交互设计师所关注的。而目前小公司独立出来的 UI 设计师的概念，更多的是介于视觉设计师与交互设计师之间的一种存在。

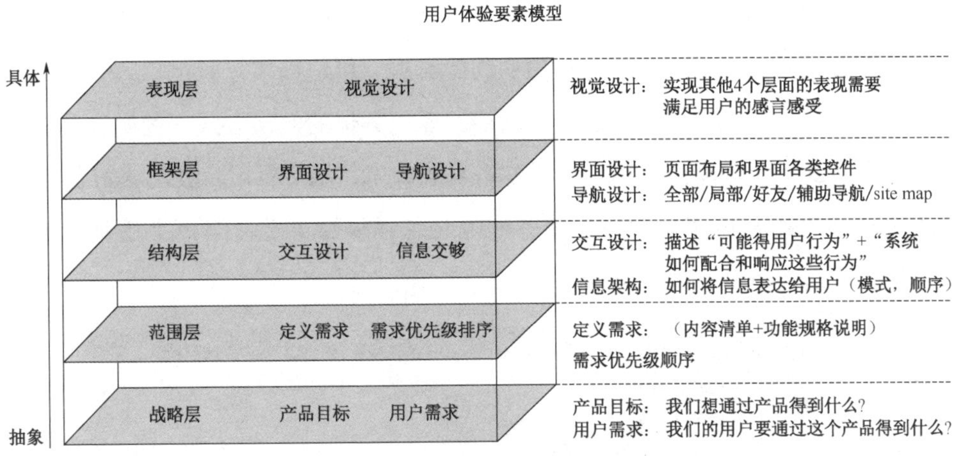

用户体验要素模型

具体	表现层	视觉设计	视觉设计： 实现其他4个层面的表现需要 满足用户的感言感受
	框架层	界面设计　导航设计	界面设计： 页面布局和界面各类控件 导航设计： 全部/局部/好友/辅助导航/site map
	结构层	交互设计　信息交够	交互设计： 描述"可能得用户行为"＋"系统 如何配合和响应这些行为" 信息架构： 如何将信息表达给用户（模式，顺序）
	范围层	定义需求　需求优先级排序	定义需求： （内容清单＋功能规格说明） 需求优先级顺序
抽象	战略层	产品目标　用户需求	产品目标： 我们想通过产品得到什么？ 用户需求： 我们的用户要通过这个产品得到什么？

图 2-25　《用户体验要素》摘取

在一家互联网公司还有很多职业可以选择，例如，运营、产品经理、用户研究工程师等，运营又分为新媒体运营、产品运营。以前听前辈说过，一个设计师的成长之路可以是 UI 设计师—交互设计师—产品经理，逐层晋升，突破自己的舒适圈，这样才叫成长。但是如果能在刚毕业的时候就想好做产品经理的话，为什么还要经历 UI 设计师这个阶段呢。所以最好一开始能想好自己想做什么，适合做什么。

一家互联网公司的产品是怎么做出来的呢？

产品经理（简称 PM）：产品经理是负责整个产品或项目制定规划和管理产品走向的人。通过市场分析、竞品调研等方式自主获取用户需求，也可以与用户研究工程师、交互设计师一起挖掘用户的需求。分析用户需求后，制定解决方案，例如，美团外卖本地生活 App 的产品经理通过跟用户沟通后发现，很多人在订外卖的时候举得一个人下单运费太贵，会选择与人一起拼单。那美团外卖 App 是不是可以出一个"拼单"功能呢？这样每个人都可以跟附近的人拼单。这更多地在于产品／功能的"有用"层面。

用户研究工程师：通过一些可用性测试、数据分析、用户访谈等方式来明确用户需求点，帮助产品经理挖掘用户的痛点，发现产品问题，以及协助交互／视觉设计师选定产品的设计方向。

交互设计师：根据产品经理提出的功能需求／用户需求，制定相应的解决方案。这里的解决方案不限于增加某种功能，而是具体的实现方式。例如，外卖拼单（见图 2-26）这个功能对用户来说是否真的有用，如果有用，放在 App 的哪个地方更合适？用户应该如何拼单才方便呢？怎样能够更方便用户查找和使用它呢？这更多地在于产品的"易用"层面。

图 2-26　外卖拼单交互设计稿

UI 设计师／视觉设计师：考虑品牌特点确定产品的主色调，根据功能的重要程度，以及产品的栅格规范等因素，将交互设计师设计好的原型图进化成落地的效果图。这当中还需设计符合产品／功能的图标等（见图 2-27）。

运营设计师／产品运营：通过线上线下活动等方式将产品／项目推广出去。一般公司给产品运营的工作目标可能是给公司带来更多的用户，所以就需要思考通过什么样的形式将产品推广给不了解产品的人群，让他们来使用自己的产品。

具体方法有：视频网站的新用户买一个月会员赠一个月、叮当买菜新注册用户可以免费领一斤鸡蛋及恰逢节日时的商品活动等。

图 2-27　带颜色的拼单设计稿

　　而运营设计师则是配合产品运营的同事设计各类活动所需要的海报、广告图等。例如，京东 618 大促或"双十一"活动前的海报设计、网站上的促销广告图（见图 2-28）的设计等，都需要运营设计师来发光发热。

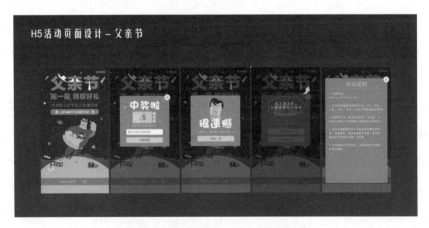

图 2-28　父亲节——H5 运营活动图

■ 第十节 留学：
地球是平的

一、作品集真的那么重要吗？

工作室的小伙伴毕业之后，有的选择去大企业，有的选择去设计公司，有的选择转型做 UI、景观，还有的选择出国继续深造，这里就为大家分享一些关于出国留学作品集的准备及其他方面的建议。

作品集是展示设计师能力的合集，也是个人风格的独特记号，我们会把自己最好的作品、最能代表个人风格的作品展示出来。作品集也是一块敲门砖，想要找工作、考研究生、出国深造、项目合作都需要展示我们的作品集。

我的同学 R，她在意大利生活学习 5 年并且读完了米兰理工大学产品设计专业研究生（见图 2-29～图 2-32）。她在学习时期就开始带着学生进行作品集的创作，所以对制作留学生作品集方面很有经验。2015 年到 2020 年 5 年间，她很多学生在意大利的学校就读研究生及本科，例如，热那亚大学、米兰布雷拉美院、佛罗伦萨美院、NABA 米兰新美术学院等。

每个人的情况都不尽相同，但无论你选择什么样的路，在面向社会及未来的时候都要全力以赴，全副武装地准备好。

其实留学并不是大学之后才开始的事，很多读高中的学生为了申请国外的美院，就开始学习如何做方案、建模、渲染、排版，未来想要走什么样的路，完全是由我们自己决定的。

有很多人说出国深造的都是有钱人，都是出去混的，镀层金就行了，事实并非如此。以我的同学 R 为例，家庭算不上富裕，她在米兰理工读书期间一直拿奖学金，每年 5 000 多欧元让她免除了学费之忧的同时还有了生活补助金，另外，学校还会每天给补助金。

图 2-29　R 于 2015 年摄于米兰

图 2-30　R 于 2015 年摄于米兰

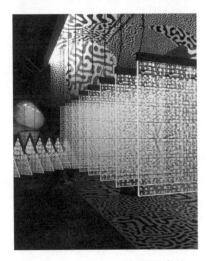

图 2-31　R 于 2016 年摄于米兰

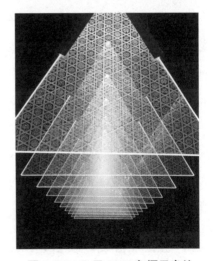

图 2-32　R 于 2016 年摄于米兰

　　假如你是因为经济情况在犹豫是否出国，其实你更需要的是一个勇敢的决定，你可以用课余时间来打零工补贴生活，这些都是你宝贵的经历。你也可以利用课余时间看画展，如一年一度的米兰设计周等，这些都可以让你学到很多的东西，可以让你的审美得到很大的提高，为你的作品集提供灵感。

（一）如何制作高质量的作品集

高质量的作品集并不是突击出来的，而是通过日积月累的创造生产出来的，作品集一般来说有作品集封面、个人简历、目录、作品、封底几部分。

（二）你预留给做作品集的时间足够吗？

很多同学预留给制作作品集的时间足够长，因为很多同学没有基础，或者基础薄弱。所以都提前一年在准备出国留学的作品集及资料。但也有一部分同学只留了很少的时间制作作品集，如三四周，这样更侧重于突击排排版面。

在准备出国作品集上预留 6 个月是一个非常充裕的时间，如果完全零基础，或者平时还要工作、上课的同学，作品集准备的时间建议延长至一年。时间的长短代表了你是否可以查缺补漏，准备好作品集里的所有内容。

我们是可以通过时间来弥补基础能力不足的，但是需要注意的是，不能因为时间的充裕就懒散拖延，导致前期工作都没有准备，临近提交日期时才赶鸭子上架。所以合理地安排时间并且张弛有度地安排作品集的进度，提高效率并且把握每个方案的时间和节奏对于我们个人来说是很重要的。

在制作期间，前期的调研及灵感的汲取和完善后期的实施进度，是整个作品集最重要的地方，所以当你开始准备的时候，你是否确认真的预留好作品集的时间和精力了？

（三）怎么准备设计项目？

在作品集中最重要的要数我们的设计项目，放什么类型的最合适，如何抓住考官及面试官的眼球，这些都是需要考虑的。很多同学对这一部分都会扎耳挠腮思虑甚久，其实一般我们在留学的作品集主要放5～6个完整方案即可，这里的完整是指你个人对你的每个作品都有很深入的了解，并且制作过程可以详细讲解。有一些要制作模型或有实物拍摄出来。

举个实例，有一位学生报考米兰布雷拉美院产品设计研究生，这个学校和专业是需要本人在学校进行教授的面试及问答的，当时 R 让他准备了切割的灯一比一模型，在面试排队的时候教授就注意到了他，并且说他的模型美丽极了，面试时只是问了他的名字就录取了他。其部分作品图如图 2-33 所示。所以当你准备了模型时，会让面试官对你更有好感，会觉得你是一个喜欢思考并且动手能力强的行动派，会觉得设计是落地的并不是虚无缥缈的。

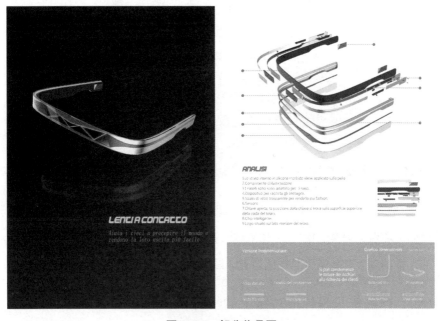

图 2-33　部分作品图

米兰理工经常会要求制作很多小模型，有时要自己动手做一些材料进行 eco design，利用现有的材料或有机的材料进行动手创作。例如，拿废弃的木屑加上有机黏合物、淀粉去制作一些东西，这些完全需要靠自己动手及思考的能力（见图 2-34）。在我们准备核心项目时，前期需要进行思考和调研，后期需要落实到实际动上来。就像看到自己种下的种子开出美丽的花朵再结出丰硕的果实，所有的付出及积累都是值得的。

图 2-34　盲人眼镜利用红外线能及时探测物体功能进行指导走路的概念性产品

　　所以要静下心来构思作品集框架，思考作品方向并结合实际及当下的热点话题，例如，环保、安全、医疗卫生等。想象一下，你要制作一本怎样的作品集，放一些什么样的项目，展现出怎样的自己，最好项目全面一些，多做一些实际的模型。

（四）作品集只是你成功路上的垫脚石

　　一个好的作品集（见图 2-35～图 2-39）只是你登上更高处的一块基石，就好比你不说话甩出来一张漂亮的简历一样，作品集就是我们无声的最有力量的语言。一个好的作品集可以让你叩响心仪的工作、学校的大门。如果你在高中就多练习绘画；如果你在本科就多掌握技能，多观察生活，发现问题解决问题；如果你在工作之后努力完善项目，多精进思考，那么生活就是我们的作品。

图 2-35 椅子造型设计 1

图 2-36 椅子造型设计 2

图 2-37　R 于 2018 年摄于米兰

图 2-38　米兰理工课题作品展示

（五）好的作品集是有深度的

设计师多看很重要，要不断提高我们的美商，呈现出不一样的美感给观众，可以多看书、欣赏画作、看展览，多上网进行学习，多对好的作品的前期进行深入的思考、刻画并研究其整体发展方向。如果有特别的兴趣爱好可以跟作品集进行结合，例如，喜欢陶艺，就可以进行陶艺和作品的创作；喜欢 3D 打印，就多研究外形并且找到提供打印的地方动手操作起来；喜欢服装，就进行服装设计。真心喜欢和热爱是挖掘我们的第一能动力，设计师要热爱生活，热爱自己的作品。

（六）作品集是我们能力的一面镜子

作品集，你给予它多少，它就反馈给你多少，选择怎样的方案怎样的设计都是我们能力的反馈，希望每个设计师都可以保持初心做自己的设计。临摹的作品是没有灵魂的，只有挖掘自己的潜能并且让作品充满灵魂，这才是正确的并且能够长久发展的。可能你为了更快或其他原因进行临摹，但请记得对于设计师而言，宁缺毋滥。即使你通过作品集进入心仪的学校和公司，仍需要作业项目的验证，更多的考验还在后面。

（七）学习方式的转变

如果你想要出国深造的话，要准备好改变一下学习方式。国外可能和我们在中国的教育方式不太一样，国外更多的是自学，以及在生活和学习中慢慢去领悟，老师也会鼓励如此。

在国外，能否通过考试，能不能毕业，和教授是没有关系的，更多取决于你自己想要如何去做，想要得到怎样的答案。所以去脚踏实地地学习，慢慢领悟其中的乐趣，善于发现生活中的美，感受四季的变化，听风的声音，闻花的香气，赏下雨过后的天空，因为这些都是和我们密切相关的。设计源于生活，高于生活，地球上的每个角落都是如此。等待你的发现和体会。

二、在米兰做设计

（一）为什么选择意大利？

在去意大利留学的朋友中，H 算是最钟爱于米兰生活的了，他毕业后就进到了意大利的设计工作室 Habits，一直做到现在，于是我特意让他参与进来，分享一些在国外做设计的感受。

选择留学意大利，对 H 而言，首先是留学意大利的性价比比较高，在意大利的学习生活成本相较于美国英国等国家低很多。在意大利留学两年，很多学生的生活学习成本基本都在 15 万元人民币左右。一些拿奖学金的学生、申请了意大利政府贫困补助的学生及勤工俭学的学生，两年的花费甚至于只有区区几万元人民币，完全可以自给自足。留学意大利对于像 H 这种经济能力有限，但想留学的同学是个很不错的选择。

另外，众所周知，意大利的设计在世界排名比较靠前，意大利有很多知名的设计品牌，设计文化氛围也很好。每年的服装设计周，米兰家具展设计周，展示了全世界各大品牌的新产品，可以近距离地感受到世界上的优秀设计作品。

（二）米兰理工的学习感受

整体来说，米兰理工的设计与工程硕士为两年制，在米理的学习过程主要集中在前 3 个学期，最后一个学期会留给学生进行毕业实习和完成毕业论文。前 3 个学期，每个学期的主要课程都是在 studio 教授的带领下，通过参加实际项目完成的，而在整个研究生学习课程中成长最多的也是这部分。

在做项目的过程中，和来自世界各地的留学生自行组建团队，完成每个学期的项目设计。课题都是和企业合作的项目，接近于设计实战。整个课题期间，几乎包含了产品设计的各个流程：市场调研、用户分析、设计方向、提出设计概念、产出概念、3D、结构、工艺分模、材料分析、工程制图、课题汇报等。

其他课程设置如材料课、加工工艺课，选修课如反向建模、虚拟现实，还有各学期不同主题的 workshop 都会让同学们的学习不枯燥，充满惊喜。

（三）感受意大利的生活

在意大利的留学生活还是很舒适的。米兰的生活节奏比较慢，就像国内的成都一样，很多同学说在意大利的生活更像是养老，有时确实如此。学习之余，H 会和几个同学约在一起出去旅行，去感受意大利及欧洲其他国家的美丽风景和风俗文化。

其实意大利最初是没有产品设计的，欧洲产品设计起源于建筑设计，很多产品设计作品都是出自建筑设计师之手。H 说意大利的建筑（见图 2-39）和家居方面的设计对他的触动比较大。每当有空的时候，他就行走在意大利的城市乡村，面对形形色色的家庭别墅、公寓大楼，内心更多的是赏心悦目，而不是审美疲劳，几乎每个家庭的房子都是花费心思设计过的，就像不一样的艺术品。城市中的建筑多数都是老建筑，充满历史的厚重感。不得不说建筑设计的厚重感体现了意大利人对生活的重视。虽然很多建筑不是很有名气，但是却给人一种强烈的家的感觉。出于产品设计师的角度，去欣赏这些房子 CMF，外观大胆的颜色涂料的运用，简洁明快的金属装饰的运用，多种材质纹理的对比，是一种享受。每栋房子都充满辨识度，很特别，不尽一样。

很多时候建筑和产品是相通的，产品是小的，人在外面使用；而建筑是大的，人在里面使用。它们都承载了人们生活的方式，行为的方式和思考，所以，产品设计师多看些好的建筑有助于提高形体塑造、材料感受及光影认知能力。

（四）工作的原因

最初是因为学校要求毕业实习，H 选择留在本地实习。出于对意大利设计的向往，他选择了一家意大利本地的知名设计工作室，这家工作室和国内很多大企业都有合作的项目，能够参与其中，不管对个人能力还是未来发展方向，开阔视野等都是很好的选择。H 在实习结束后，便毅然留下来做了兼职设计师，同时准备自己的毕业设计。也正是因为这段毕业实习经历，真正地给他打开了一扇近距离感受意大利设计的大门。

图 2-39　H 于 2020 年摄于米兰

　　另外，在国外的设计工作室工作，有更多对话高端品牌的机会：H 不仅认识了许多以前没注意过的品牌，还对很多经典的品牌再一次熟悉起来，对于高端设计也有了重新的认识。

（五）国内外设计工作的对比

　　现在 H 在米兰正式工作差不多两年了。他在出国前曾有过一年设计机构的工作经历，结合他的分享，我从以下几个角度谈谈国内外设计工作的对比。

1. 从设计环境来说

从价格来说：国外设计公司报价是按小时报的，一个产品大概 4 万欧起，折合人民币 30 万元起。从时间周期来说，结束一个项目至少需要半年的时间。从价格来说，国内一般是人民币 4 万元起。从项目周期来说，快的一个月就见到样品，慢的也会持续一年半载。所以从环境来说国内和国外给予设计师发挥的时间和酬劳是不一样的，从另一个角度说，国内设计师需要在更短时间内做出差不多的设计或更好的设计，而国外的设计师只需要做出更好的设计。

当然这和客户有关，像 Habits 这样的外国设计工作室，客户一般都是较大规模的公司，对设计的重视程度高，给予的时间长，而国内设计机构的客户就比较杂了，有大的有小的，往往国内设计机构会通过数量来实现总营业额的提高，当然国内知名的设计机构在向国外的模式发展，国内设计环境也在不断改善。

2. 从工作形式来说

在国外，时间节奏、休假都会被充分考虑，不像国内有那么多的加班。优秀的团队设计师相互间的合作很紧密。国内可能在设计公司有很多工作经验较少的设计师，从从业时长上来说国外平均比国内略长。一般项目组是 2 人一个项目，大项目 3 人一组，国外也差不多，以 2 人为主。

（六）设计节奏流程方法

在设计流程方面，国外跟国内差别不大，与学校接触到的设计流程也大同小异。根据项目大小及客户需求的不同，设计流程会有很大的变化，并没有固定的模式。例如，大的专业设计项目，一般需要经历从调研到落地整个产品研发流程，其中如概念环节、手板测试环节，都是需要经历反复的模型测试和深化来达到最终设计目标的。这样的项目经历的周期也会比较长，甚至一些跨国项目，因为地域、时差、节假日的区别等因素，也会导致研发周期的延长。

有些项目，根据甲方需求，仅仅是外观设计，不涉及深入的市场调研、用户分析、功能定义研发和后期手板样机制作，会大大地简化设计流程，缩短产品的研发周期。简单来讲，就是根据设计项目大小和设计需求合理安排设计师团队和研发流程，保证项目有效、顺利地进行。

至于设计方法方面，设计理念是非常重要的。在国外做设计，大家都比较重视前期的理念和后期的执行落地效果，对于中间的技法呈现，没有国内那么强烈的追求，因为很多好的设计图都是后期实物拍摄而来的，并不是模型的效果图，即使渲染得再逼真也是与实物拍摄的光影有差距的。所以设计师更重要的是需要培养自己的设计思维，尝试表达自己的设计理念。在设计理念的作用下，才可以正确判断产品的设计方向，准确地掌控设计定位与品质，这点无论国内国外都是如此。

（七）调研方法及语言的重要性

国外设计工作室比较重视前期的设计调研。这里为大家分享一下具体流程供参考，整体国内差不多，区别在于多了一项对趋势的研究与把握。

1. 收集痛点

（1）**桌面研究**：在网上查阅电商平台用户反馈情况、产品相关资料库。

（2）**用户访谈**：例如，设计油烟机，需要去到用户家里，对用户进行访谈，收集用户痛点反馈真实反馈。

（3）**竞品研究**：同类获奖的产品分析，行业爆品分析，看看它们有什么优劣势，品牌价值体现如何。尤其对客户的最新研发的产品进行研究。

（4）**家居环境分析**：室内装修、材料、设计风格等。

（5）**造型趋势分析**：家居风格发展方向、相关展览、行业展会等咨询收集，把握最新动态。在这个阶段 H 会把每位设计师寻找到的灵感图、趋势图打印出来放在一起讨论、分类（见图 2-40）。我打趣地说"在电脑上看不一样吗？何必多此一举。"他说："效果不一样，当我们直观全部，对比着看的时候，会更好地判断趋势，分类总结，而且方便讨论。"我想了想说："下次我们也可以试试。"

图 2-40　调研阶段灵感图搜集

2．输出设计方向

拿一个他们之前设计的燃气罩项目举例，由于项目正在进行无法放图，非常抱歉。最终通过调研输出了 4 个设计方向：①专业烹饪，通过设计来实现专业感；②更高端的细节，通过细节让用户抓住品牌特征；③跟家居环境更融合，厨房的风格每家都不同，围绕着不同的橱柜，燃气罩也需要搭配其中；④智能友好。

第二阶段，概念，对于 CMF 的重要性，决定产品的气质，凸显用户的品味等，这些就给设计师一个清晰的设计定位，设计方向，和国内差不多，在此不再赘述了。

3．设计思维的转变

当 H 打开了一扇感受意大利设计的大门，尤其是参与到实际的商业项目中，发现转变设计思维显得尤其重要，就像我在本章第一节里写的一样，在国外也存在这个过程。

设计一件产品并非是学生时期的天马行空，因为在开放性的设计条件下，缺乏有效的条件限制，设计师便会很主观地根据个人喜欢设计出千奇百怪、多种多样的产品，而这样的产品很难做到市场化，和消费者产生情感共鸣，与其说设计是一件产品，不如说是更接近于个人表达的艺术品。

在商业化设计环境里，很难避开商业化设计来谈对设计的理解。在与企业合作设计的过程中，需要结合甲方的商业目标和用户群，做出与同类品牌和产品具有差异化的有竞争力的设计。需要更多地考虑如何把产品的商业价值与设计价值做一个完美结合。成熟的商业产品需要有产品自身显性的卖点和潜在的卖点。

（八）商业化设计和个人化设计的区别

商业化设计具有清晰的市场和商业目标。例如，某企业准备推出一款新产品或升级产品，用户群画像，提升自身市场竞争力和品牌效应，以达到一定市场份额。在这样的设计过程中，甲方企业具有自己的市场战略，乙方设计师所扮演的角色更像是甲方的设计部门。

个人化设计具有明显的设计师个人设计风格。市场上，这样的设计多数出自有名的设计师，因为在和企业的合作中，因为有名气的设计师具有自身的商业价值和品牌效应，设计师本人或团队便会占有更多的主导地位和设计权限。

（九）如何不被甲方牵着鼻子走？

缺乏设计核心的设计师只能被甲方牵着鼻子走。因为甲方对自己的行业有着深刻的理解和话语权，所以在设计过程中，甲方所提出的质疑也经常会让设计师产生无力感，给不出有说服性的答案进行反驳。这样，甲方的设计逻辑就战胜了设计师的设计逻辑。

在欧洲也有很多有名气的个人成立的工作室，但也是商业化项目和个人品牌项目共存。

通过设计让用户感受到产品的创新度、明显的迭代升级（产品颜值与功能升级），能挖掘用户新的需求（用户群的特征／品味／消费能力，使用环境，产品体验痛点的优化，消费者对产品的期望），做到这些，才能让你的设计更有说服力，更切合实际。说服的不仅有甲方，还有用户，更多的时候，甲方也是站在用户的视角上的，也相当于设计的第一用户，其次才是真正的用户。

（十）掌握当地官方语言

H 在意大利学习工作几年下来，发现语言交流方面是一个非常重要的部分。我说："你的英文不是很好了吗？"他说："就是因为把精力全部放在英语上，很难分出精力去学习一门新的语言。毕竟学校并没要求具有一定的当地语言基础，所以便被自己轻视了。但是后来从个人经历来看，建议准备留学的同学最好能够掌握一定的当地语言基础，不然在生活和工作方面都会受到很大的局限。"

毕竟意大利的官方语言是意大利语，虽然米兰是国际都市，英语在商业交流中应用很广泛，但是在生活中却不是想象中那么简单。例如，生活中，会有很多餐厅和超市的店员不会讲英语，甚至几乎所有的菜单和商品上都只有意大利语，面对这种情况，意大利语就显得格外重要。在工作学习中，意大利本地设计师占比很高，很多国际学生跟意大利学生的交流，几乎也就只是停留在课堂学习方面，很难真正地融入他们的生活，成为朋友，除非你遇到一些很乐意用英语跟你交流做朋友的同学。而且英语也是他们的第二语言，很多方面也无法表达得特别清楚，这样就会很大程度地影响双方的交流。

工作方面，以 H 当时找毕业实习及工作的经历为例，很多公司的面试要求都会表明意大利语优先，这就极大地限制了凭借英语交流的学生想在意大利找到合适工作的可能性，最后也只能找可以接受英文交流的工作。其实在日常工作之余，多数同事也都更喜欢母语交流，如果没有本地语言基础，这对提升个人工作能力及未来成长等方面都是毫无益处的，甚至无法在与国内的业务往来中发挥出个人潜力。因此，对留学生而言，掌握当地语言格外重要。

第 8 章 进阶：
设计体系的构建与分解

■ 第一节 习惯：
好的设计师习惯

一、好的日常习惯推荐

设计师作为一个持续脑力输出工作者，需要一些良好的日常习惯来维持大脑处于最佳状态，并进行创意的连续运转，或者是思维跳跃性运转。

这里我为大家推荐几种不错的设计师习惯。

（一）设计师的随身手账

当你出现好的创意和灵感时可以及时地记录下来，这里不局限于记录的载体，可以是用手机记录备忘录，也可以使用笔和纸记录，甚至可以给自己发一条微信，形式不重要，重要的是记录下来。瞬间的思绪是很难再次出现的，我们要珍惜瞬间的灵感。

另外，在记录的过程中，我们会把想法和事件重新复盘，这样无形间增加了思考的时间。未来我们可以通过手账如图 3-1 更好地了解自己，当时的想法是什么样的，当时的感受和情感如何，当时的创意是怎么展开的，等等。这对设计师而言是终身的财富。

图 3-1　随身手账

（二）设计师的深夜思考

不可否认，很多设计师都是夜猫子，快节奏的都市生活让很多上班族下班后到家都在晚上九、十点了，这时褪去一身的疲惫，在午夜有一个自己独处的时间，我称它为设计师的深度思考时间。

有时我会在夜深人静的时候思考白天没有弄清楚的问题，想白天思维的断点如何再连续起来，或者如何让方案更好。据科学家研究，我们在睡觉的时候，思考在潜意识依然会持续进行，带着思考去入眠也许会有不一样的体验。

有一次我在一个项目中遇到了一些瓶颈，想了很多天都没有好的创意，所以连续几天的晚上我都带着思考入眠。后来在第三天凌晨五点的时候醒来，忽然就有了一个不一样的想法，我迅速地记录下来，越画越兴奋，后来彻底睡不着了，想着天怎么还不亮，迫不及待地想把方案分享给同事。这是一种科学的实践，睡前当我们的思维持续集中在某一点时，待大脑得到充分休息后会有意想不到的结果。

有时上班很累，干脆酣畅淋漓地打几把游戏，或者什么都不想，呼呼大睡，也是不错的选择，也可以听几本感兴趣的书相伴入眠，总之在临睡前可选择做一些自己觉得有意义的事，但尽量不要超过12点。

（三）设计师的清晨

一日之计在于晨，我也尝试过清晨进行深度思考，但效果不是很理想，这个因人而异，我们需要保证8小时睡眠，晚睡和早起不可兼得。

如果你有早起的习惯，那非常好，一定要保持，会受益终身。早起可以有充足时间进行一些思考和一天计划的整理，以及读书运动等等良好习惯的安排（如图3-2）。同时早起有助于为一天繁忙的工作开启一个良好的心态。

图3-2　清晨

如果你是正常起床的那部分人，那一定要把上班路上的时间利用起来。否则一天就只剩下上午，而没有清晨了。

很多人上班的时间都比较仓促，洗漱、准备背包等，一气呵成，这期间没有太多时间可以浪费，睡眠不够的话可以在路上补觉，精力好的话可以选择在上班的路上进行一些资讯的了解和学习。

例如，打开喜马拉雅听听今天有什么大事发生，作为设计师的我们也要掌握时事热点，紧跟全球动态。另外，还可以听一些书或看一些不错的微信推文，翻翻收藏夹把以前白天没时间看的文章集中阅读一下，缓慢唤醒大脑，开始一天的思考。

这样你对今天的任务有一个预估，不管是和同事闲聊还是和老板汇报工作，都会更加游刃有余。最重要的是踏进公司的第一步，别忘了和同事微笑说："早安！"

（四）保留自己的癖好

设计师的特质无疑是最为宝贵的，如果你有一些异于其他人的癖好或习惯，先不要急着改正，也许这是你的财富。

很多设计师都有强迫症、色彩癖好等，甚至有的设计师会对设计环境、周围事物很敏锐。例如，画草图时，桌面要干净，笔必须放到哪一侧，笔尖向上向下等。在旁人看来可能有些矫情，但这就是设计师，如果和普通人一样的思维，如何设计出不一样的东西？

请保留自己的小癖好，如果它们是有益的。给自己一个仪式感，一个进入设计的信号，独特的仪式即将开始。摊开草纸，打开思绪，感受笔尖接触纸面的感觉，想象形体间的转折与关系，不一样的你会有不一样的灵感和呈现。

（五）冥想

学瑜伽的时候，老师经常会让我排空心中杂念，进入冥想阶段。超脱物质的杂念，达到身心合一的境界。设计师的冥想，可以和瑜伽的有所不同，主要是提高心境的一种方式，需要在合适的环境和时间来做，在冥想中可以做一些简单的思考或不思考也可以，起到帮助自身改善不良状态、提高注意力、消除快节奏生活带来的压力等作用。

曾经我们做过一个冥想"帐篷"的项目，就是为了让都市里快节奏的人们找到一个可以放空自己的冥想区域，无论在家里还是室外，无论是白天还是黑夜，你都可以"我思故我在",从这个意义上来说,设计师学瑜伽也是不错的选择,不仅能健身还可以健脑。

二、好的工作习惯推荐

(一)保持初学者的心态面对工作

现在,即使我工作了很多年,也依然保持着每天以初学者的态度面对工作、面对新的项目、面对新的挑战的心态。客户有我学习的地方,其他设计师也有我学习的地方,周而复始,形成习惯。

如果你刚毕业不久,那就更需要以谦虚的态度来面对工作,进行学习。前几天和一个资深设计师聊天,他跟我抱怨公司新来的设计师天天问他问题,他耐心讲解,但设计师总是听一半就说会了,感觉很飘,久而久之他也比较敷衍了,毕竟帮助新人成长又不是他的职责。

我是很能理解他的,这些年我也带了不少设计师,一方面希望我带出的设计师能保持感恩,另一方面希望他们可以虚心地接受前辈的一些经验之谈。设计可以有不同的观点,但资深设计师必然会比新人强一些,这点毋庸置疑。所以初学者的态度,很多时候决定了前辈对你的态度。可以说我成长到今天,不仅仅是因为自己的努力,更是受到了很多前辈的教导与建议,永远感激不尽。

请谦虚、主动、耐心、感恩地对待在设计路上每个给予过你帮助的人,并以同样的方式对待向你请教的设计新人,这样我们的设计氛围才会越来越好。

(二)学会每天写工作日志

写工作日志的习惯,我也是当初被公司的管理者天天催着养成的,并一直延续到今天。

工作日志(见图3-3)就是记录每天的工作内容,在工作过程中遇到的问题,解决问题的思路和方法等,力求做到今日事今日毕,可以有效地对抗设计师的拖延症。

随着移动互联网时代的到来，QQ、微博、微信等新应用层出不穷，人们对时间资源的需求也越来越大，然而上天是公平的，每个人的一天都是 24 小时的时间，所以我们回顾自己每天的时间分配会发现，全是碎片般地分散着。

时间的碎片化往往让很多工作者结束一天工作的时候，想不起今天到底做了哪些工作。工作日志（见图 3-3）在帮助人们抵抗时间碎片化方面能够起到一定的作用。

那么，我们该如何写设计师的工作日志呢？

我的建议：①字数不要太多，尽量简化，成点表达，锻炼自己的逻辑感。要知道设计师的日志更多的是在向未来的自己汇报，我们要提醒自己今天做了什么？收获了什么？遇到的问题和解决方案是什么？坚持远比字数更重要，千万不要为追求每天的字数而增加过多的工作量。②形式可以创新，有段时间我通过截图+转发直接发到自己微信或备忘录里，有时会手写到本子上，还有时写在桌面的书签里，总之除了向公司提交的日志外，属于自己的日志还是遵循效率最优原则的。

图 3-3　工作日志

（三）下班前一小时提前结束工作

拖延症，我想是现代人类面临的一个严重问题，大部分人都或多或少有一些。在下班前一小时提前让自己结束工作，有利于对今天的工作进行复盘，留有修改和补充的余地，放松身体和心情，更好的劳逸结合，有助于让自己保持对工作的热情。

也可以确定一个工作目标，并设置工作时间上限，达到时间上限时则停止工作，而在工作时则专注于提高效率以减轻拖延症。

（四）周报与月报

月报与周报其实更多时候是公司的要求，如果公司没有类似要求，可以改为月记或周记，旨在记录本月或本周的主要事情、进展情况及突出问题。有些人可能会写生活的周记和日记，这里我说的，更侧重于专业或工作方面。以周或月为时间点，进行小总结、明确小目标。能让自己更好地调整全年目标及计划，形成对时间的长线管理和对自己的复盘。

（五）了解自己公司和竞争对手的情况

无论你是设计师，还是设计管理者，很多时候，了解自己公司动态和行业对手动态能让你在未来的某天受益。了解自己的公司可以让你更好地融入集体，与公司的价值观、愿景相统一，从而在公司取得更好的发展；了解行业对手可以让你更全面地去看待整个行业的发展、历史与未来，知道自己公司的位置，从而更好地为自己定位。

当今时代，设计师越来越无法作为一个独立技术岗位所存在，我们需要紧跟行业步伐。例如，你在一家设计公司工作，要多去了解设计公司的全球现状、国内现状，最近设计公司中哪些公司有什么动态，有什么趋势，有哪些前瞻性的思考等。

这样，你站在大行业的角度会思考得更全面，会更好地做一些判断和调整。"干一行，爱一行"就是这个道理。

■ **第二节** 调动：
做设计要兴奋起来

一、利用五感做设计

艺考的时候老师说我总皱眉头，所以画的模特也是皱眉头的，我仔细一看竟然真是如此。由此可见，我们创作时的状态会影响到我们的作品，我们的思维和五感会基于创作的当下给予反馈，同样产品使用者也会受到设计师带有个人色彩的五感设计引导。

我们做的产品很多时候也如我们自己一样，是圆润的还是有棱角的，是平静的还是跳跃的，是内敛的还是张扬的，都被我们自身的属性所赋予。

这一概念不难理解，人类有视、听、触、嗅、味 5 种感官。当你用了不同的感官，就会对同一个事物有全新的看法与不同的体验。研究调查指出，在五感之中，人体感官感受的深刻程度依次是：视觉（37%）＞嗅觉（23%）＞听觉（20%）＞味觉（15%）＞触觉（5%），当不同的感官被调动起来，或者感官之间形成交织，就能够使人们对同一个事物产生全新的感受。

设计本身就是五感合一的一个体现，记忆并不是简单地再现过去，而是在接受外部信息的同时，依次被唤醒。我们以产品为媒介，通过设计来唤醒用户的五感体验，或者说是重塑用户的五感体验。围绕着视觉、听觉、触觉、味觉、嗅觉五感，产品的可能性也越来越多。

人们总说生活乏味。生活的体验不全然是非得要接受外界的刺激，当你自觉了解一些事物，也许你只验证了眼见为凭，却对事物听而不闻、触而不觉。

设计师应该对五感更加敏锐，并乐在其中。在设计作品时和在生活中也要充分地发挥五感的敏锐度。例如，设计师看到一个形态会产生比常人更为强烈的感受，他们会放大物体的轮廓边缘、点线面的关系、曲线的关系，会对色彩的对比和搭配产生更美妙的感受，并放大这种感受。

消费者更多时候是被动地接受产品给人们带来的五感触发（见图3-4）。例如，我们进入商场，琳琅满目的产品映入眼帘，产品对人们的五感产生强烈刺激，激发着人们的兴趣和购买欲，这时能够率先吸引人们的产品将赢得先机，尤其在越来越激烈的商业环境里，人们的五感有时是被动、超负荷地被激发着。物质过剩的时代已经来临，所以很多人开始倾向于含蓄的表达、温和的表达或极简的表达。我们前面提到过，这些都是相互关联的。

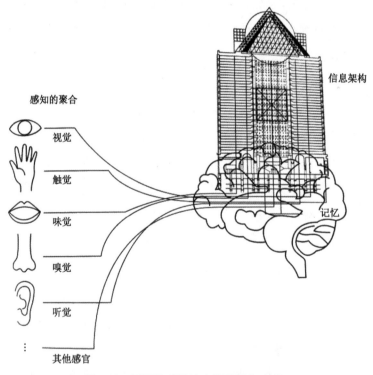

图 3-4　原研哉《设计中的设计》五感

利用五感做设计，并不是强化五感就是对的。我们应该构建更合适的五感体验，尤其以视觉感受为例，无论黑色、白色还是彩色都有它们存在的道理。

（一）黑色

设计是艺术和科技的结合，随着科技的发展，其融合程度也逐渐升高，灰色和黑色在高科技产品色彩设计中使用频率相对较高，黑色体现沉稳、庄重的视觉效果，科技类产品经常会使用黑色或深色，来凸显其科技感（见图 3-5）。

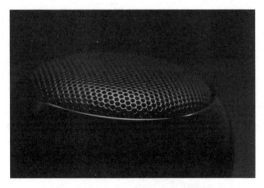

图 3–5　黑色产品

（二）白色

白色给人以圣洁、清新、干净的感觉，白色家电和医疗产品在智能硬件领域一直有着非常高的地位，所以设计师会用白色、用好白色，会使产品非常出彩。我曾经看过一个作品集全是白色极简的产品，再配合含蓄典雅的排版，印象深刻。同时，留白的处理，更适合这个极简风横行的时代（见图 3-6）。

图 3–6　白色产品

（三）彩色

彩色代表着律动，代表世界的节奏和形形色色的产品。因此，会用色彩的设计师将在未来占有一席之地。而且，近些年随着色彩的大胆应用，色彩间的协调与碰撞已经无法满足用户的感官。所以，设计师要把色彩玩起来，构建属于自己的色彩体系，把握色彩趋势，因为这个世界本就是多彩的（见图3-7）。

图 3-7　彩色产品

二、快乐做设计

（一）这次为猪做设计

设计师在做设计的时候是否快乐，是我一直关注的话题。

经过长时间观察，我发现，开心地做设计比不开心地做设计，做出的方案会更好一些，经过充分的讨论，可以让方案有更多的可能性，这让我想起之前的一个比较欢乐的案例。

很多年前小米总裁雷军说："只要站在风口，猪也能飞起来。"而后来我们发现，猪不光飞起来了，而且越飞越高。

相信2019年猪肉价格的飙升让大家记忆犹新，一时间能吃得起猪肉的人都被称为土豪。京东农牧早早地就在布局养猪的事业，而我们有幸参与其中，开启了一段快乐做设计的旅程。

2018 年年初，我们接到了京东科技金融部门的一通电话，称有一系列产品需要研发，让我们过去讨论，会给予设计和产品研发方面的支持，于是我们赶往京东大兴总部（见图3-8）。

图 3–8　2018 年摄于京东总部

我先交代一下项目的大概背景：京东农牧与吉林精气神合作，将智能养殖解决方案引入位于吉林省抚松县的两个山黑猪养殖园区。运用养殖巡检机器人、饲喂机器人、3D 农业级摄像头等先进设备与技术，实现养殖基地的智能化、数字化和互联网化，并能通过数据模型结合山黑猪的声音、体温、进食量、运动量等进行分析判断，及时给养殖场的兽医或饲养员提示预警。

它既是智能硬件，又有人工智能算法，既充满未来探索，又革新传统行业，总之就是要把"养猪"这件事做好（见图3-9）。

在大家传统的认知里，京东其实是一家电商平台，甚至是一家物流公司，但其实今天，京东的版块有很多，涵盖了社会的方方面面。其中有一个神奇的部门就是京东农牧，京东农牧以先进的人工智能和互联网技术，打造神农大脑，赋能农业生产全过程，完善农业大数据库。此时的农牧部门正在研发智能养猪的全流程构建，这也开启了我们全新的合作与对智能农牧的思考。

图 3-9 京东智能养猪

中国不仅是猪肉的生产第一大国，也是消费第一大国。中国人口虽然只是世界的 1/5，但每两斤猪肉里就有一斤是被中国人吃掉的。

养猪行业已成为各大巨头争相进取的领域，京东、网易、阿里等互联网巨头纷纷进入养猪业，通过运用大数据、图像识别、语言识别、物流算法、怀孕诊断等科学技术，探索高效的养殖模式，并帮助一些大型生猪养殖企业转型，扩大产能。

也许大佬们早已预见 2019 年的猪肉价格会一路飙升，又或者行业缺少扩大价值点的机会，农牧市场的蛋糕也该动动了。总之，2018 年是一个起点，这一年万众创业的风潮已经过去，真正热爱智能硬件的人继续留下作战。

本次设计属于工业设计范畴的主要有巡检机器人、饲喂机器人、3D 农业级摄像头 3 个，于是围绕着这 3 个产品。我们开始了前期的思考。

说实话我们大部分时间都是在为人做设计，这次的用户确实比较特殊。但操作者依然是养殖场的工人，所以人的因素也要考虑。至于猪喜欢什么颜色、什么造型、什么材质，看到什么会增加食欲，这还真得研究研究，甚至有设计师买了本《母猪的产后 3000 问》。

在产品定义初期时，我们习惯性地会聚焦在用户和使用场景上，因为用户是切切实实的产品使用者，他们应该最有话语权和被关注的权利。而使用场景更是构建起了用户和产品的关系，在一定程度上既是载体又是一个容易被设计师忽略的地方。

头脑风暴几天之后，我们将所收集的问题及发散的点开始做梳理和前期分析。这就像一个漏斗一样，前期根据项目输入把客户的可能性在一定的合理范围内扩宽，一方面是形成对下一步方案的设计点的支撑，另一方面是在客户的需求中寻求最大化的设计宽度。

通过对前期的梳理，我们逐渐深入，围绕着京东的核心思想，即以 3 个部分串联起整个智能猪场的全流程：①巡检机器人（巡检）；②猪脸识别摄像头（诊断）；③饲喂机器人。这里以巡检机器人和猪脸识别摄像头为主，详细为大家分享设计过程。

（二）巡检机器人

用户确定下来之后，使用场景的具体位置及其与猪的交互角度和方式就尤为重要了。我们尝试过自走机器人的方式和顶壁悬挂式的方式，最终确定用悬挂的方式。因为在养猪场的环境内，底面无法保证一尘不染，机器人运行时有可能出现颠簸，影响视频及画面精度，进而影响分析。同时饲养员会经常进出也会与机器产生不必要的互扰。

那吊顶式就是最佳解决方案吗？目前是这样的，虽然它也有清洁不便、需要安装轨道等限制，但相对会节省空间，同时拥有对二师兄的上帝视角。通过它的运行，即扫过每一个猪室，全程对猪实行全天候的监控、巡检（见图 3-10）。

轨道式的固定和行走方式也是早早就定下来的，此时结构工程师也加入进来，提出了一些建设性的意见。一个项目的成功落地，需要结构的强力支持。这个产品结构偏壳体结构，并非整个产品内部元器件的排列组合结构。例如，在这个项目中，京东内部有自己的结构工程师和硬件工程师，他们一般会在产品定义初期就把内部的原理跑通，在工业设计之初就有了原型机，但原型机不是做出来就不变的，它会随着产品研发的深入而不断优化。同时，工业设计的加持也会让原型机在一定范围内进行调整。例如，一个非常好的造型，因为和内部的锂电池产生干涉，会影响设计的落地，这时就需要设计师与硬件工程师共同协商和推进。

图 3-10　上品设计作品——猪场智能巡检车

设计的推进还算顺利，就这样我们开始了草图方案绘制阶段，这是设计师轻车熟路的阶段。在这个阶段，我们将前期的研究和思考注入方案中。有些前期确定的点必须要注意，例如，摄像头的选型和位置、散热孔的位置及大小、散热的要求、壳体的材料及固定方式等。很多时候，刚毕业的设计师会沉浸在自己的方案中，殊不知已经偏离了客户的要求与行业的标准。例如，客户在前期输入时说：我要的这个壳体成本要控制在 50 元以内，而有些造型的方案成本在目前可实现的工艺里至少需要 100 元，无法让客户做出选择，这就是设计师需要积累和再学习的地方。

对行业的理解也非常重要，例如，在医疗行业中，黑色橙色配色就是不合适的，别为我为什么，想想医院有这种产品吗？再如，你在健身房有见过一排白色极简的健身器材吗？一点色彩都没有的那种。其实很多行业在我们进入之初就有了标准和规定。那么，设计师通过自己的美学造诣和设计方法论的应用，把方案融入行业其实是很有必要的，或者说是必须的。这里涉及的一个问题是，产品无法脱离行业而存在，那我们现在设计的这个巡检机器人有没有行业？其实是有的，那有没有标准？这又是没有的，它是新型行业下的新品类。在互联网公司做硬件的背景里，一切均可颠覆。

但成本和工艺将会是客户最终选择的两个维度，即在控本控制的前提下可以找到工艺实现最终效果。现在已经过了那个靠几张效果图就能让客户选方案并让其深信不疑的年代了，买家秀和卖家秀谁也糊弄不了谁。企业家和产品研发人员往往有较多的加工经验和材料知识，所以在画草图的时候就要弄清楚这一切。

在草图阶段，往往是方案的成熟期和萌芽期，也是最关键的时期，很多时候，一个好的想法通过寥寥几笔就能给观者留下深刻的印象。我在做了设计总监后对此感触更深。

手绘是设计师的语言，是设计师的眼睛，透过它能看到设计师的心灵。

在效果图阶段，对设计师更多的要求是，实现草图的构想，以及做出逼真的效果。很多设计师由于工作年限少，经常会被软件限制自己的表达，这就需要花时间去磨炼一下技能，但这又是必须经历的过程，就如同自行车表演的选手，要先学会骑各种自行车一样，通过对技能的掌握达到设计的表达。

（三）猪脸识别摄像头

"猪场的饲养员要凌晨 4 点起床，一直干到中午 11 点半才能勉强喂完 200 头猪。如果饲养员不能及时复工复产，不知道猪场能正常运转几天。"经营者非常忧虑，毕竟现在猪场依靠人工饲喂，没有人就意味着无法完成正常的饲养。

在智能巡检车项目进行的同时，我们另一组设计师开始了另一段愉快的设计的历程。

这里分享一个概念——PSY，其实就是"母猪每年下崽的次数×母猪平均一窝产的活仔数×哺乳仔猪成活率"，再通俗点说就是，"每年每头母猪提供的断奶猪仔数"。一个猪场的 PSY 指数至少受 8 个相关的因素影响，PSY 指数高就意味着产量高、出栏量高、收益高。可是要提高 PSY 指数，怎么能够拿到这些影响因素的数据呢？在欧洲，特别是丹麦，有很优秀的管理经验和方法，但在我国并没有什么好的办法，传统的方法没有办法获取到这么多信息。毕竟每头猪在我们看来长得都一样，谁也没有时间天天盯着几百头猪去测算。

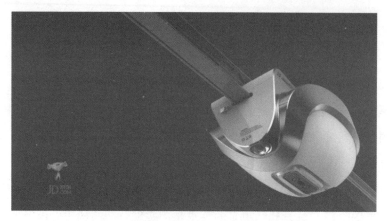

图 3-11　上品设计作品——猪场智能巡检车 2

在内部硬件跑通的时候,我们的外观设计也加紧了步伐,要设计成什么样呢?猪喜欢什么样的造型呢? 眼看要到了提交方案的日子, 设计师们苦恼不已, 之前的兴奋感逐渐下降, 一位设计师抱怨:"总不能设计成猪样吧?"

"猪样"这个词忽然点醒了团队,大家觉得是个不错的点,猪每天都会看到猪,那么猪在其他猪眼里是什么样呢? 猪脸的最大特征是什么呢? 随着一连串问题的提出,我们的设计方案也慢慢有了头绪。最终,一个很呆萌的摄像头出现了,用的元素就是最形象的标志——猪鼻子,镜头旁有两两组合的灯,既实现了功能,又看起来很萌,跟猪场气质很搭(见图 3-12、图 3-13)。

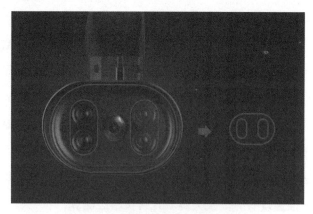

图 3-12　摄像头正面设计语意特征

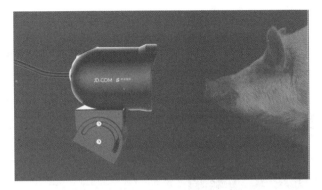

图 3-13　上品设计——猪脸智能摄像头

当然，摄像头肯定不只是看到猪而已，它最重要的一点是能跟神农大脑联通（见图 3-14），定位有问题的猪。例如，神农大脑发现栏里的 16 头猪中有一头猪进食异常，只有将猪的生长信息、免疫信息、实时身体状况等精确定位到这一头猪身上，才能发现异常原因，然后再去串联后续的业务，给猪喂药或是通知饲养员。

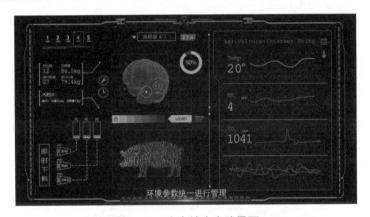

图 3-14　京东神农大脑界面

很多时候其实不是我们做不出好的设计，而是我们没有调动起来属于自己最好的状态，没有快乐地做设计。有时是因为项目本身，有时是因为自己的原因，但无论如何，这都不是理由，我们要提升对项目的兴趣，调动自己的五感，才能把设计做到最好。

第三节 行业：

好设计改变一个行业

一、重新定义气象站

打破传统农业设备丑、笨、土印象的这个国货俘获了德国红点奖，它就是东方生态——天圻气象站（见图 3-15、图 3-16）。

图 3–15 天圻气象站 1

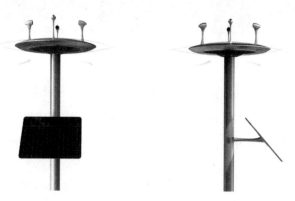

图 3–16 天圻气象站 2

2016 是智能产品井喷的一年，万物互联的热度已经吹到了农业领域，我所在的项目组承接了一个气象站的项目。刚刚拿到这个项目时，我有点生疏，充满压力。毕竟没有做过农业类产品，于是在网上搜索现有市面上气象站都是什么样的。

其实气象站在我们日常生活中并不陌生，它与我们的生活息息相关，可以随时提供给我们所需的气象要素信息，城市、农田、草原、海边、学校、机场到处可见它的身影。

支架+检测模块就是现在市场上的气象站（见图 3-17），我想大多数设计师对于这类项目不会太感兴趣，它可比那些 VR 眼镜机器人等产品的发挥空间小多了。

气象站：支架+检测模块 Bracket + sensor

图 3-17　市面上的气象站

或者说，气象站就应该是这个样子，数十年来这个行业都是这样的，这种支架加监测模块的形式，整体性差，看上去比较凌乱，安装维护也较复杂，但没有人会想去改变，就像在苹果手机面世之前没有人会想到手机可以做成那样一样。

我想，会不会有一种可能性，我们可以做出和他们不一样的产品，或者说我们可不可以结合客户的技术优势，在外形和使用方式上有一个全新的突破。当然也非常感谢客户的信任与支持，这一个方案，我们一改就是半年。接下来我为大家讲述这个产品的设计故事。

说起气象站首先应该聊聊什么是气象，气象是指发生在天空中的风、云、雨、雪、霜、露、虹、晕、闪电、打雷等一切大气的物理现象。随着农耕文明的出现，人类对了解气象条件知识的需求越来越迫切。古人预测天气的方式如图 3-18 所示。

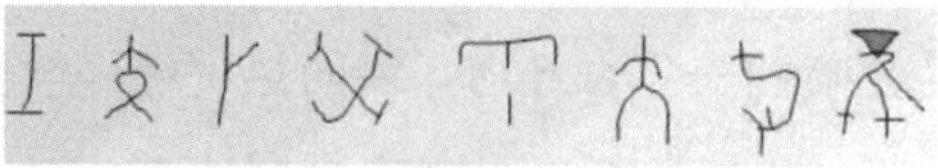

![甲骨文符号图]

这段文字预报的是降雨，意思是：寅日占卜，癸日下雨，后来的天气是起了暴风。可以看出来，当时的预报方法靠的是占卜。

在夏商时代，人们已经开始从事农业生产，靠天吃饭的需求，让天气预报成为刚需。不过，当时没有气象科学，人们仅靠抬头看天和占卜来观测和预报天气。当然，预报准确率就不得而知了。

在我国最早的诗歌总集《诗经》中，记录了古人们的看天经验。
《诗经》中《邶风·北风》："北风其凉，雨雪其雱。……北风其喈，雨雪其霏。……"雱，雨雪盛大；喈，风疾。霏，雨雪纷飞。意思是说寒冷北风吹到，风大，带来的雨雪也大。这就是历史上对冷空气的最早描述。

经验是古人进行天气预报的主要依据。远在汉代，就已经有利用琴弦感应湿度的原理预测晴雨的事例了。元末明初娄元礼在《田家五行》一书中也说：如果质量很好的干洁弦线忽然自动变松宽了，那是因为琴床潮湿的缘故；出现这种现象，预示着天将阴雨。他还谈到，琴瑟的弦线所产生的音调如果调不好，也预兆有阴雨天气，这也是合乎科学道理的。

图 3-18　古人对气象的研究

从第一版 ID 到最后一版用了整整半年的时间，4 月之前我们一直在纠结电路板，4 月之后我们推翻了之前的设计从头再来（见图 3-19）。事实证明 6 个月的努力没有白费，天圻气象站获得了 2017 的红点奖，成为至今为止，唯一一个获红点奖的中国农业类产品。

ID变迁 - 2016.01-2016.06
CHANGE

01.04　　01.22　　03.15　　04.24　　05.01　　05.11　　06.01

图 3-19　气象站设计稿演变图

接下来让我们看看天圻究竟有什么设计的亮点，和设计思考点。

天圻主要包括流畅的线条及形态、刀锋边缘减少风阻、驱鸟抗污防粘设计、定海神针固定设计、外柔内刚碳纤维柱、其他的人性化设计这 6 个特点（见图 3-20）。

天坫的特点 THE CHARACTERISTIC OF TIANQI

图 3-20　天坫的特点

二、美国队长之盾——完美的空气动力学

作为一枚智能气象站，它尊崇极简主义设计风格，灵动的造型，流畅的跑车级机身线条设计，用精心的设计巧妙地融入了产品功能。在整体天坫的设计中，最突出的就是最上面外表光滑的圆盘状，它的设计灵感来源于美国队长的盾牌，并且继承了美国队长之盾最突出的特征——完美的空气动力学特征（见图3-21）。圆盘如刀锋般边缘，能最大程度地减少阻力，具备业界最小的风阻系数（见图3-22）。

149

美国队长之盾—完美的空气动力学
PERFECT AERODYNAMICS

图 3-21　美国队长之盾

图 3-22　刀锋边缘

三、驱鸟设计——抗污防粘

美国队长之盾用耀眼的红、白、蓝三色涂装象征勇气、真理与正义；天圻的圆盘中心同样也有一圈圆状涂层，当然这并不是致敬美国队长。这个位置是动能型雨量计所处范围，根据雨滴敲打的力度自动转化成动能监控雨量的大小；而这圈涂层的真正作用是抗污防粘防堵塞，污垢尘土一冲即净，即使长时间使用也无须人工清理。

与美国队长之盾不同的是，天圻的圆盘上均匀地长出了 4 个光滑的触角，触角的真身是高精度抗干扰超声风向风速传感器，响应迅速，能精确地掌控所在地风速风向的微小变化。这 4 个全身贴有反光贴片的触角还有一项光荣的特殊任务——驱鸟，利用光的照射触角反光，以避免鸟类靠近破坏气象站（见图 3-23）。

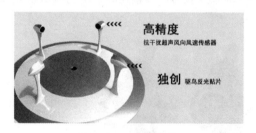

图 3-23 驱鸟贴片

四、定海神针——风吹雨打，屹立不倒

作为天圻的力量支撑，立柱既要固定上方圆盘，又要扎根下方土地，保证天圻在田间风吹雨打都屹立不倒；它的功能需求受到了孙悟空的法宝——金箍棒的启发，力求像金箍棒一样发挥定海神针的威力。如何让一根棒子死死地扎进土里坚固不催？答案是让棒子长出"爪子"，即利用立柱+膨胀地钉的组合设计拥有金箍棒稳定、坚固不摧的特性（见图 3-24）。

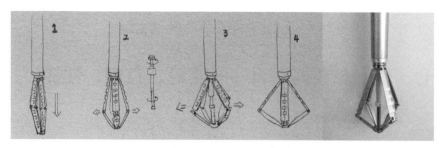

图 3-24　立柱的设计方案

五、外柔内刚——碳纤维立柱

立柱与金箍棒最大的区别在于：重量。天圻的立柱并没有依靠本身的重量达到稳固，它是业界首次使用的碳纤维材质支撑杆，此种材质号称"外柔内刚"，质量比金属铝轻，但强度却高于钢铁，同样的强度是钢的重量的 1/43。目前被更多地使用在国防军工方面。整个天圻的重量控制在 12.3kg，工作单元重量仅 4.1kg，相当于两台新型苹果笔记本的重量（见图 3-25）。

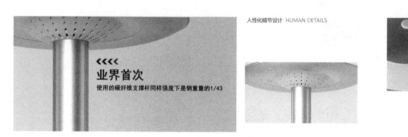

图 3-25　碳纤维立柱

六、人性化设计

俘获红点奖，不仅在于它的硬件设计细节极大地遵循了人性化。例如，遵循未来设计，少物理按键、多触屏操作应用在开关上，并非突出的按钮而是触控式开启；内置天线及隐藏式线路板避免暴露在外常态毁坏；圆盘下的通风孔也不是随便的一排洞，每个洞都是有一定斜度的，以避免污垢堵塞。

七、E生态数据平台——实时、直观、便捷

扫描二维码，关注公众号，就可以立刻看到所有的气象数据，天圻所在地的一切监测数据——风速、风向、雨量、总辐射、大气压力、空气湿度、空气温度都尽在我们的掌握中（见图3-26）。

E生态数据平台——实时、直观、便捷 E ECOLOGICAL DATA PLATFORM

图3-26　E生态数据平台

最后附一张正在工作中的天圻（见图3-27）。

图3-27　伫立在河边的天祈气象站

后来，这个产品一跃成为农业领域的一款爆品，对整个行业的冲击显而易见，很多公司纷纷开始产品改良与再升级，农业智能领域产品的可能性也再次被放大。相信不久的将来会有更多更棒的农业产品出现，智慧农业其实离我们并不遥远，而好的设计也将冲击一个又一个行业。

■ 第四节　时间：

设计师是不是吃青春饭？

一、时间对于设计师的意义

很多人会觉得，设计师这个职业是碗青春饭，但我并不这么认为。

确实，随着时间的流逝，一个慢慢进入不惑之年的设计师不再拥有更强的竞争力，不少企业也直言不讳地要 35 岁以下的新鲜血液。会出现这种情况，是因为精力、体力的下滑（见图 3-28）。在他们的生活里，工作不再是全部，过了不计回报追求梦想的年纪，他们开始更懂得平衡工作和生活。或者随着年龄的增长相对应的职业技能却没有达到相匹配的高度，潜力可以说一眼望到头，才会让人觉得设计师就是吃青春饭。

设计师入行时的薪酬并不高，工业设计的薪酬跟其他设计师比，可以说更有些惨淡，可是依然有很多在校优秀毕业生选择了这个职业，这是因为这个职业的未来是有前景的，正所谓，存在即合理。

有一技之长就可以安稳打工到退休这种事早就不复存在了。很多实习生入职后，鸡血满满，加班工作是常态，每天都要接触到大量的新知识，可以说是超负荷工作，全凭梦想和月初的工资单来支撑着。可日子长了，工作没两年就开始搬砖，工作六七年，真正会的东西，可能还是工作前几年学的东西，长此以往，你的薪酬、级别就不会和你的工作年限成正比了。要不企业不想留你，要么你不想在企业待了。

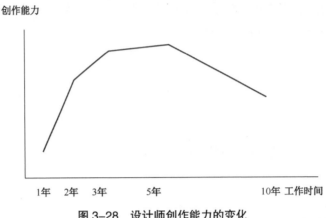

图 3-28　设计师创作能力的变化

领英一份两年前的报告《LinkedIn 职场人转折点报告》里写得很清楚，职场人的转折点在 27~30 岁达到小高峰，31~35 岁达到大高峰，35 岁之后迅速下跌。或许鸡汤文会告诉你：只要你努力永远都不晚，但是在当下竞争日益激烈的社会，想让自己有个"铁饭碗"的最好办法就是持续给自己充电，不然什么职业都会是一碗青春饭。

第一个阶段。23 岁的你从大学毕业，开始了职场的打拼，这时你可以有很多选择，到哪都是历练，每天都是成长，薪资随能力一起提高，逐渐成为一个成熟的职场人。27 岁的你，已经在职场经历了 3~5 年的知识积累，正是全身心投入工作的黄金时期，所以是最快速的上升期。

第二个阶段。31 岁时，你应该工作了 6~9 年，这时的你已具备了不错的专业能力和人脉存储，也就是我现在正在经历的阶段。这时的你需要确定自己的方向，学习如何精进、拓宽自己的专业能力，或者像我一样，转型成为管理者，学习如何管理团队。

第三个阶段。35 岁的你职场优势迅速下降，但这并不意味着你的职业没有了出路，根据丹麦企业的数据看，中年人才是生产率最高的员工，至于公司不愿录用中年人，无非是因为性价比不高，毕竟五险一金对企业来说是一笔不小的开支。很多企业都会在面临风险的时候裁掉工资高的中年人，然后转头招些刚刚进入社会的大学生。但重点是，没有企业会裁掉核心员工。

因此，请你沉淀、积累。努力提升自己的能力，经营有价值的人脉，积攒属于自己的资源，这些属于你的东西会让你更快速地接近成功。

其实像设计师、律师、医生、会计师等很多职业，都是需要大量的经验和资历的，只要你是人才，以后你面临的情况会是猎头推荐，或者被某个优秀的公司挖走。只要不断更新自己所学所知，持续给自己充电，当你足够"核心"的时候，年龄就不再是你需要担心的事情了。

唯一需要担心的是设计师随着年龄的增加，社会责任、家庭重担等压力会越来越大，自己的身体思维敏捷度、记忆力、学习能力等都会不如从前。但我们同样可以用资历、经验、社会阅历，以及更多的人脉、更高的交际圈去弥补那些短板。我恰恰觉得，设计师尤其对于工业设计师而言，不是青春饭，而是老年饭，所以大家要有这个准备，终身学习，越老越吃香。

155

二、关于加班

加班，可以说是设计师永远绕不开的一个话题。

我们通常所说的加班是指在 8 小时工作时间以外，下班后仍然留在公司从事的工作。有时我们加班时做的是公司的工作，有时也会做一些别的工作，加班的界限没有那么明确。

决定是否加班，一种情况是你白天工作的效率低或是该完成的工作没有完成，就需要在 8 小时工作时间以外的时间来完成；还有一种情况是，下班时需要完成一些紧急的事情，这种属于临时性的，例如，会议、商务沟通等，也会让设计师比较被动，从而不得不加班。曾经我有个客户就喜欢下班的时候联系我，这样我也被迫需要加班来做一些调整和修改。

既然加班有时在所难免，那我们要学会加班，更好地加班（见图3-29）。学会加班首先要明确我们到底是为谁加班，为什么加班？为了公司还是自己？为了项目还是其他？

图 3-29　加班

我刚毕业的时候，有一段时间很排斥加班，下班之后一刻也不想在公司待着，回家歇着打会游戏是我的想法。那时我觉得公司付给我 8 小时工作的报酬，那么我加班的每分钟都是在被公司压榨剥削。

后来，我开始转变心态，开始想为什么那么多人傻乎乎地加班到深夜。原来他们不仅在为公司加班，也是在为自己加班。模型的每个细节都不放过，不是怕客户挑毛病，而是希望自己的方案更完整。效果图渲染一遍遍重来，为的是达到最好的效果，让作品的效果更加逼真。排版反复修改精益求精，是希望未来的作品集多一个能拿出手的案例。

在我开始认可加班并转变思路后，没有立刻要求身边的设计师加班，因为我理解他们不懂为何非要加班的那种感受。相反我会让设计师按时下班回家，有自己的下班生活，如果设计师愿意自己加班，我也不阻拦。

（一）加班为了自己还是为了公司

这个思路的转变，会让你在下班之后开启另一种工作模式。下班后，公司比较安静，可以稍微放松一些，刚刚结束了一天的工作，冷静地思考一下，今天为什么加班？加班的目的是什么？我要加班多久？千万不要盲目地加班，这样非常容易让时间蔓延到很晚，拖着疲惫的身体回到家里，反而影响第二天的工作状态，得不偿失。

加班一方面要解决白天没有解决的问题，另一方面还可以给自己一段独处的时间，也许这个空间不是家里可以提供的，也许这又是一次成长的良机。从我们踏出校门的那一刻起，时间被公平地分给每个人，起点也更加公平。未来的每分钟都会拉开你和同龄人的差距。这更可能是你为数不多可以超越工作时间更长的设计师的机会。

157

曾经跟一个设计总监聊天。我很诧异为什么他毕业 3 年就做到了设计总监，后来发现，原来他每天工作至少 12 个小时，那这样算下来的话，他用了 3 年的时间其实达到了别人 5 年的工作经验，也就不奇怪了。

（二）学会加班

学会利用公司的资源和平台，借力成长。例如，我们刚到一个公司，如果你每天下班按点走，那很容易给人一种没有全身心投入工作状态的感觉。离开公司谁都不知道下班之后你去做什么，但是如果你坐在公司里，大家就都知道你在加班，这并不是形式主义，而是一种职场规则。如果老板发现你在加班，他会觉得你是个上进的人，你在进步，公司也会因你的进步变得更好，所以老板更喜欢努力奋进的年轻人。

学会加班，把加班作为一种积极的生活方式，加对的班、有意义的班；要么毅然地下班，要么安排好计划，千万不要犹豫。年轻时的时间总是过去地很快，与其羡慕前辈们的资历深，不如愉快地加好每天的班，在别人不知道的时候偷偷努力成长，汲取时间的养分，总有一天你会感谢曾经那个努力的自己，默默坚守在公司的自己。

■ 第五节　情感：
生活和工作一样重要

一、工作和生活

（一）毕业后，工作将成为中心

毕业之后，工作将成为我们的重心，而生活就像调味品一样，无法再像之前一样带给我们足够的成就感和喜悦感。相反，工作的成功会给生活一个正向的引导，带来新的愉悦感。

亚马逊的创始人杰夫·贝佐斯（Jeff Bezos）认为：工作与生活是和谐的。贝佐斯觉得，工作做得开心，在家里自然也开心，反之亦然。

人生在不同的年龄段里有不同的侧重，但关于工作和生活的讨论，从毕业后的第一天就开始了，有人选择了先成家再立业，也有人选择先立业再成家。总之，工作和生活可以分开，但无法割裂。

我在毕业后 3 年左右的时候，意识到生活和工作一样重要，它们都需要我们付出和努力。非常幸运的是，在此之前我已经遇到了我现在的妻子，所以在感情方面没有丢掉进度，但和朋友的相处确实受到了一些影响，大家虽然都在北京，可见一面如同跨省赴约，尽管同在一城，一年见一次却成了常态。这也说明大部分选择在大城市的年轻人首先把工作作为了中心。

（二）工作和生活要分开

上学期间，我们的学业和生活基本连在一起，社交圈子也较为简单，以同学为主。但毕业后，我们身边的圈子会逐渐独立、复杂起来，有现同事、有前同事、有同学、有朋友、家人，等等。你就像整个组织的中点，所有的关系围绕你展开。

我曾经建议过新入职场的年轻人把工作和生活分开，目的是让他们的工作和生活都更好，它们是同等重要的。一方面，工作承载着我们的后半生，未来几十年的人生的追求，满足感的获取及个人价值的实现；另一方面，生活又诠释着我们存在的意义，我们的快乐，我们的心理寄托。

如今，社交频率越来越高，人与人的交集越来越紧密复杂，把生活和工作区分开对待就是希望二者不会混淆。在朋友眼中，你依然是曾经的朋友；在同事眼中，你还是努力奋进的同事；在家人眼中，你还是那个孩子。年龄越大，我们的身份越多，在成年人的世界里，扮演好每一个角色都不容易，但我们可以做更清晰的自己，见图3-30。

图3-30 做更清晰的自己

（三）生活和工作一样重要

最近我发现身边年轻的单身设计师越来越多了，享受一段单身时光会对人生有积极的作用，但如果遇到对的人请把握住，因为你需要一个人陪你走完这段人生。

"好好谈恋爱，和对的人早点结婚，趁年轻好好生活。"我不止一次对身边的设计师说，请不要让你每天的生活里只有工作，有一天你回头发现：当你功成名就时，谁来和你分享？我觉得人生最大的幸福不是你成功了，而是你成功后可以有人与你一起分享，为你开心。工作上的成就和喜悦会反馈给生活中的幸福，生活中的幸福又会促进更好的工作，这将是个良性循环。

随着工作时间的增长，满足感和成就感不是工作可以全部给予的。所以，希望年轻设计师们也要好好生活、用心生活，在生活中锻炼自己的情商，在情感交流中变得更加细腻。设计来源于生活，会生活、懂生活、多思考的设计师，比只懂天天加班埋头苦练的设计师成长曲线更长。

如果你经历丰富，生活深刻，你的设计作品也会折射出更多的可能性；如果你是一个有意思的人，是一个有生活气息和人情味儿的人，我相信你的设计同样会充满温度，感动用户，也感动自己。

2019年年末，我的宝宝出生了，我对生活和生命有了更多的理解，我开始更多的关注母婴产品，开始更多的关注食品安全、儿童教育，开始思考一些以前从来没考虑的事情。相信这就是人生阶段的变化，能为设计师带来不同的思想方面的引导。和小孩一起成长是一次重塑自己价值观的良机。从生命的最初形态，我们可以学到很多，可以感悟更多生活的真谛，而这些都将让你变得更加完整、成熟，你看待设计的角度，对创新的理解、作品思考的维度也会不一样。

多体会人生的不同阶段，兼顾好工作和生活，不要做取舍，而是做适当的侧重和平衡，迎接你的将是更美好的人生。最终，你不仅仅会成为一个优秀的设计师，也会成为一位好子女、好父母、好朋友、好的自己。

二、关于设计师的情感

之前提到了设计师的身体健康问题，设计师的心理的健康问题也是同样重要的。

设计的表达很多时候就像文学一样，也是一种情感和感受的表达。我们要重视自己的情感积累，重视自己的心理健康。

一个国家需要脚踏实地的人，也需要仰望星空的人，设计师恰巧兼顾这两种属性。一方面，他们向世界表达自我，引领未来的方向，做更多的思考；另一方面，他们又立足当下，深耕制造业，为我们提供更便利的产品，更优质的体验，解决日常很多的基础问题。

设计师在不断地自我批评与总结中成长。作为造物者，产品设计师是有责任的，他们承担了产品最初的定义与实现的构想；同时作为创造者，每一个设计师都小心翼翼地游走在商业价值和用户需求之间。

节奏紧密的商业设计环境经常给设计师的心理带来一些压力和摧残。这些压力有来自客户的压力，来自上级的压力，还有来自其他设计师的压力。在面对各方压力的同时，设计师还要坚持自我，这个度实在很难拿捏。

以前我经常跟设计师朋友们开玩笑说，我们这个行业可能到 40 岁就要退休了，因为年轻的时候损耗过大，情感释放过度，当然这么说有点悲观，设计师需要学会自我心理疏导，这非常重要。有的设计师经常会将电脑桌面改成类似"莫生气"这样的背景，这也是在宽慰自己。记得有一次，我带设计师去到客户那里做提案，沟通得不顺畅，客户劈头盖脸一顿咆哮。我一边在和客户据理力争，另一边转头发现一个设计师在本子上写了满满一页"傻叉"。

释放情绪是设计师一生的必修课。其实不止是设计师，很多与人打交道的行业都需要我们能控制自己的情绪，保持良好的心态。如果你认为设计师就是在电脑前画画图，那就大错特错了。

现在的设计师必须要走出去接触客户、用户，去了解商业模式、销售模式，很多具体的经历无法让别人代替。在与不同人的接触和交流中，我们能更深刻地融入人类社会中去，更熟悉这个群体，也能更加了解我们自己，更直观地去发现问题，碰撞出好的点子。

释放情绪能让我们的注意力更加专注。释放掉一些不好的情绪后，我们将更加专注于设计本身，设计师尤其需要站在客观、独立的角度去思考职业，对于情绪的掌控，需要做到收放自如，把握重点，才能做出更好的设计。

第六节　管理：
学会和设计师相处

一、如何与设计师相处

与设计师相处其实并不难，但如果想与他们相处得好，并不容易。

设计师（见图 3-31）是一群比较有个性、喜欢表达自我、特立独行、追求极致的人。他们思维活跃，敏感而细腻。当然设计师也因人而异，性格不同让不同设计师之间有很大差别。在人群中，可能有的设计师穿着独特，有的留着长发或胡须，甚至有的戴了很多彰显自己属性的配饰，但大部分设计师和其他职业者一样，他们看起来很平常、很普通，甚至很内向、很内敛。其实设计师就是普通人，只是长时间的使用设计方法观察周围事物，久而久之会站在和大众不同的角度思考问题，会对颜色、形体、美形成新的认知，也许这一秒他在和你聊天，下一秒他的思绪早不知道飞到哪里去了。

下面是与设计师相处的几个建议。

第一，尊重彼此。设计师比其他职业更需要得到对方的认可与尊重，作为原创行业，他们需要对方在看过方案或想法后提出建议和意见，并尊重原创。

第二，关注细节。很多设计师都是心思比较缜密，思考维度偏多，在乎细节的。可能你觉得不经意的一个小点，有时恰恰是他们据理力争的核心创意。

图 3-31　设计师

第三，要有意思。设计师不喜欢沉默寡言，不喜欢走寻常路。无论在生活还是工作中，他们的一些跳跃性思维和创造性表达都会让人印象深刻。

假如你跟设计师交朋友或谈恋爱，也要遵循这几个原则，如果你身边有设计师朋友，也请珍惜他们，因为他们将为你的生活带来更多的乐趣与色彩。

二、设计管理

说到设计管理，如果设计师转为管理岗，更多的时候也会去管理设计师。这时根据经验不同，无论设计主管还是设计总监，甚至老板，要说服设计师让他们听你的，都需要些技巧。

第一，以身作则，拿出真本事。要带头起示范作用，就像新兵连的老兵带新兵一样，手把手教，言传身教。用扎实的技术和成熟的设计思路去影响年轻的设计师，让他们快速成长，少走弯路。

第二，设计管理不是靠管，而是靠优化设计流程。实现设计价值的最大化和设计效率的最优。很多设计师都是比较随性的，而且他们的创意也是随机性的。作为设计管理者应该让设计作品保持在一定的高度上，并让设计流程有章可循。这样可以快速分析哪个环节出了问题，让设计更加高效、高质。

第三，**更多时候要和他们并肩作战**。像深泽直人、原研哉等大师，年过花甲依然奋斗在设计一线，所以，即使我们是设计管理者，也没有什么理由不去和设计师们在一起。提再多的要求，看再多的参考也不如和他们一起加班，一起调研。很多时候设计师需要相互间的碰撞，而不仅仅是任务的指派与监督。

第四，**授之以鱼不如授之以渔**。有时我们在带设计师时，经常容易替设计师直接把方案深化好，或者把图改好。这样虽然更直接但缺乏对新人的引导。把自己掌握的技法和经验传授给新人并不是一件简单的事，但对于他们的成长是非常有利的。有朝一日他成为优秀的设计师，也一定会非常感激你。带设计师就像古时候带学徒一样，一届一届的带，薪火相传，当然作为新人设计师，也要虚心地向资深设计师学习。这是一个无私奉献的过程，没有谁规定一定要把设计师带到什么水平，教会多少东西，提高多少能力。新老设计师相互配合，了解项目才会更加顺利，有更好的作品诞生。

第四，**发挥专长，鼓励创新**。管理设计师事实上也是一种考验情商的事情，管理者需要观察、了解设计师的专长和他们自身的特点，评估他们的想法是否具有价值。在让设计师成长的同时，能够为公司和团队带来更具价值的帮助，更好的方案。

■ 第七节　P 和 I：

IP 和 PI

一、在 IP 时代做设计

品牌的定义我想大家应该不陌生，IP 其实就是品牌的一个价值最大化，通过挖掘品牌的人性，赋予其性格、文化、价值观，就像把一个物拟人成一个有血有肉有灵魂的人，进而使用户产生精神共鸣，在与用户产生关系的过程中给予情怀和温度，最终实现商业价值。

IP（Intellectual Property）在百度上解释为知识产权，指的是通过智力创造性劳动所获得的成果，并由劳动者享受成果的专有权利，是一种无形财产。现在市面上见到的 IP 现象呈现出来的是一种新商业现象、新商业模式，新思维方法，例如，我们见到的漫画、电视剧、明星、小说、游戏等，企业的品牌或个人也是 IP 的承载体。

我们现在常说的流量，就是 IP 的一个能力体现。在了解 IP 之后，我们简单提一下 VI，VI 是品牌的视觉呈现体系，包括企业 logo 图形、标准字、辅助图形、吉祥物设计等，现在它的范围依然在加宽。

2019 年年初，我们接触到了凯叔讲故事（见图 3-32）的团队，他们希望做一些小朋友玩的产品，同时还能有学习的意义。

图 3-32　凯叔讲故事

项目不大，但我们首先就把它归为 IP 类的产品设计，即通过对客户 MI（企业文化、价值观、愿景等）的识别与研究，做出符合客户 IP 定位的设计，同时配合客户企业的产品线与营销方式打造更具品质的产品。

凯叔讲故事，作为一个有自己浓厚的 IP 文化的公司，在为他们做设计前需要首先了解客户的品牌文化，也就是它的 MI。

定位：致力于通过打造"快乐、成长、穿越"的极致儿童内容，成为影响每一个中国人的童年品牌；

IP 形象："光头""黑框眼镜""彩色条纹"，其 logo 围绕着凯叔的形象也是很喜人的；

关键词："快乐""成长""穿越"。

这个项目与以往项目不同，客户没有任何要求，完全靠设计师自己的灵感和对凯叔产品的理解相结合，我们要达到的目的是：①体现凯叔的品牌特征 IP 形象；②让小朋友通过趣味产品学习到新的知识，有所收获，在玩中学。

在项目开始后，团队中的每个设计师都下载了凯叔 App，每天不断地听，寻找可以发散的点，这期间着实让我们回忆了一把童年。

最后，我们的创意"朋友我是超级神奇色彩"的游戏来自《口袋神探》第二季第 5 集"失控的流星"，它在课后科学揭秘中讲解了"色彩是如何形成的""三原色的秘密"。这个产品适合 5 岁以上的小朋友。

如图 3-33 所示是我们的方案概念图"神奇色彩"，通过对其品牌 PI 的分析和理解，在产品的外形上吸取了凯叔图标里凯叔上衣强烈的条状色彩及其横向构成展开，这样给予了产品一个强烈的视觉特征，符合我们希望能为小朋友们带来一个五彩斑斓的童年的定位。

那么超能力神奇色彩游戏到底是什么呢？
Superpower magic comes from pocket detective?

图 3-33　方案概念图

同时，产品外形的弧度与凯叔光头的弧度一致，在细节的处理上贴近品牌特征，让人一眼就认出是凯叔的产品（见图 3-34）。

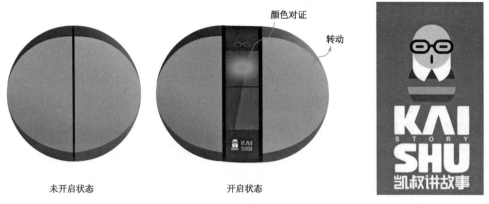

颜色对证

转动

未开启状态

开启状态

图 3-34 色彩游戏机

当然，仅仅有产品原型是不够的，我们还需要构建它的玩法流程（见图 3-35），通过色彩的叠加，搭配产生不同的图案和变化，因为这是项目前期阶段，所以更多的玩法还在解锁中。

将凯叔的品牌 PI 融入每一个产品的细节中，让消费者强化其品牌印象，提高传播度是我们打造这个 IP 产品的目标，当然，客户很多的企业文化也不仅仅只在 logo 里，更多的元素需要设计师去挖掘、思考。从产品面市到品牌形成是一个长期的过程，从品牌成熟再到产品更新又是一个新的过程，产品和品牌相互补充、相互促进，最终形成了企业独特的 IP 文化与内涵。企业如此，人也是如此。

01	02	03	04	05
STEP	STEP	STEP	STEP	STEP

神奇色彩未开启状态
（我想我可能是一个蛋或一个摆件）

神奇色彩开启
（我可以变身成凯叔IP形象，加产品识别性）

我将会出现声音与指示灯提醒

转动两侧拼出指示色彩
（要开启小朋友的大脑，运用色彩叠加完成游戏）

声音鼓励，游戏继续

图 3-35 "神奇色彩"玩法流程

二、认识 PI 设计

PI 设计（Product Identity Design）产品形象识别系统是产品在设计、开发、流通、使用中形成的统一的形象特质，是产品内在的品质形象与外在的视觉形象形成统一性的结果。产品识别（PI）是根据风格统一、理念统一的原则，对企业的产品设计进行规范与统一，以产品设计为核心塑造稳定的企业产品形象，传播独特的企业文化，进而提高企业的市场竞争力。近年来，作为产品设计这一企业战略资源的高端产物，产品识别成为设计界和企业界的研究热点。

如图 3-36 所示是汽车产品 PI 之外形元素的纵向传承。纵向传承是几乎所有历史悠久的大厂都在努力表达的态度。家族化的传承，让它最终形成了自己的独特风格。

168

图 3-36　PI 设计示例

现在对 PI 的理解，大多为两个层面的意思，一是产品内外形象的统一，二个是产品风格的延续统一，我理解的 PI 更偏后者。

再举个例子，相信生活在 21 世纪的人，没有人不知道苹果的设计吧，苹果因为交互外观成为消费类电子产品跟风的原型，可以说引领了这个时代的智能产品风格：自由的曲线，伸展的线条，大量地采用半圆弧。舒展、自由、连续的曲线，搭配绚丽的色彩给人以饱满感、亲和力，形成了产品放纵、张扬的外向型气质，具有非常强的产品识别力（见图 3-37、图 3-38）。

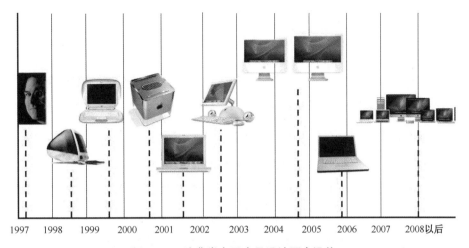

图 3-37　消费类电子产品设计历史沿革

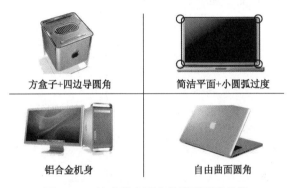

图 3-38　消费类电子产品造型元素总结

　　从最初的台式机，到现在的一体机、各种手机、ipad、手表等，苹果一直延续着自己的设计风格，并影响了越来越多的产品。好的 PI 是即便我们挡上它的 logo，也能一眼认出它是哪家的产品。

　　PI 都包含哪些内容？在 PI 规范手册中，有三部分内容：**产品形态规范，产品色彩规范，产品形象标识。**

　　产品形态规范（Product form specification）

　　形态识别是引起用户记忆与辨识的最直接有效的识别要素。它将一类相同或相似的风格、细部特征，或延续或发展，持续不断地应用于企业的不同产品造型设计中，形成一个延续且统一的产品视觉形象，引起用户的视觉注意并逐渐形成记忆识别。

具有相似形态特征的产品将启用用户类似的感知图像，例如，直棱直角的造型容易让人联想到城市中的公共建筑等，给予用户的情感语义是现实的，稳定的。因此，我们要考虑用户对产品的感知图像记忆。

产品色彩规范（Product color specification）

对产品来说，形态和色彩是紧密结合的一个整体。合适的色彩选择与配置对消费者而言具有强烈的心理作用，且不同的色彩有不同的诉求，在产品识别设计中，通过某一特定色彩或同一色系在企业不同产品中的持续应用，可以提高产品的文化价值，建立产品的个性差异（见图 3-39）。

PI 规范手册		
造型（形态）规范	基本原则 能性原则 创新性原则 整体性原则 美学原则. 造型基本元素提取 选用 2 款产品作为实例	
色彩规范	产品色彩系统 主色 辅助色 形象标识色彩 安全标识色彩 中性色 选用 1 款产品作为实例	
标识规范	标识色彩 标识尺寸 标识位置 用 1 款产品作为实例	

图 3-39　PI 规范手册示意

产品形象标识规范（Product image marking specification）

产品设计越来越关注家族化、系列化的企业形象。组成和影响产品形象的各类标识，由于产品功能与操作的复杂程度不同，形成表面装饰的各类标识符号不尽相同，因此可根据产品设计中标识所起到的作用不同，分成三种类别：形象类标识、功能类标识和警示类标识。产品形态的设计与创新在具体实施中脱离不开各类标识的应用。标识规范化对统一产品形象的作用有：一是提升产品整体形象，二是提高设计效率和质量。在产品具体设计中灵活运用规范标准，才有可能形成既统一又具创新性的优秀设计，真正保证企业产品形象在统一的前提下随时代发展不断提升。

三、PI 执行

PI 设计并不是基于僵化的程式，企业必须建立一个团队来管理企业所有产品的家族形象。新的设计语言的运用也必须有一个设计管理小组来监控，建立这个小组主要有两个目的：一是不断地维护和更新现有的 PI 设计；二是指导企业产品设计师和合作设计团队学习，适应和实施现有的 PI 设计导航手册，同时又能为产品的销售提供支持，更深刻地理解产品设计。这个设计管理小组主要有两个任务：第一，使企业的其他终端产品向 PI 靠近，整合产品形象；第二，继续探索，不断完善设计实施规范，以适应千变万化的市场竞争环境。

我们的最终目标是创造一种易于识别的外观，使得企业的产品真正意义上与品牌相联系，与市场相联系。通过这三部分内容对企业所有产品进行统一规范，从而形成统一的家族辨识度。未来无论是公司自己做设计，还是找外面设计公司设计，都有依有据，尤其对于产品线非常多的企业尤为重要。

PI 的优势是什么？①规范并系统化企业的不同产品，帮助企业的产品获得归属感和家族感；②实现用户对企业产品体验与认知的延续性；③促进企业文化的传播，引领用户对产品所凝结的企业文化的领悟；④为企业后续产品的设计引导方向，统一产品形象，提升产品价值。

所以，一般规模较大、历史悠久、产品众多的企业都有做 PI 的需求，例如，之前合作过的三一重工、同方威视等企业，也有乐普医疗等医疗类企业。下面分享一个我们为一个机场导视系统设计的 PI 案例。

PI 首先需要结合企业的 MI，MI 不仅是企业经营的宗旨及方针，还包括鲜明的价值观及企业的内在凝聚力。可以说 PI 就是 MI 的一个产品端的体现。下面我们来详细分析。

海南美兰机场广告屏导视系统设计

2018 年年中，我们接触了海南美兰机场导视系统屏的设计项目，首先对公共信息系统设计进行了研究，并提炼出品牌切入点和现有问题。

经过分析发现，市场上的公共信息系统设计有助于我们在设计定位及后期进行产品设计时的风格建立和存在问题痛点的思考。旅客信息服务低效是长期困扰机场运营的难题。在旅客拥挤、环境嘈杂的情况下如何从公共显示设备上准确无误的索取有用信息是。

品牌价值切入点：

现阶段存在的问题：①公共信息服务缺乏人性化体验，导致旅客满意度不高；②公共信息广播提示不实时高效，导致机场运营效率低下；③服务资源与旅客需求信息匹配不精准，导致非航收入难以提高（见图 3-40）。

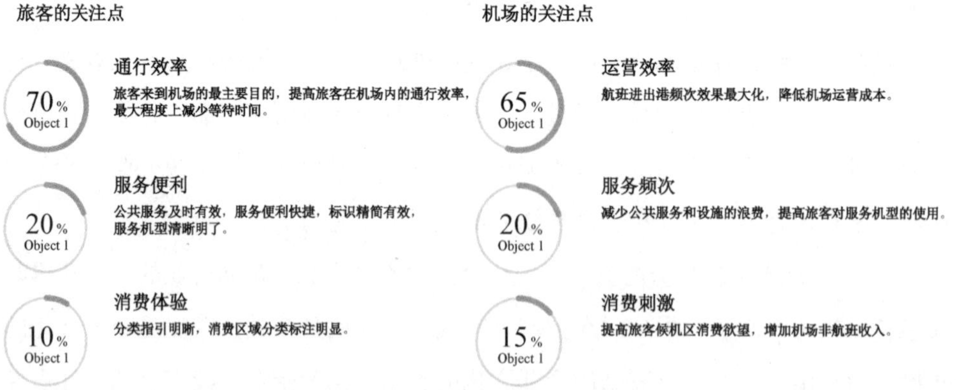

旅客的关注点　　　　　　　　　机场的关注点

70% Object 1 — 通行效率：旅客来到机场的最主要目的，提高旅客在机场内的通行效率，最大程度上减少等待时间。

65% Object 1 — 运营效率：航班进出港频次效果最大化，降低机场运营成本。

20% Object 1 — 服务便利：公共服务及时有效，服务便利快捷，标识精简有效，服务机型清晰明了。

20% Object 1 — 服务频次：减少公共服务和设施的浪费，提高旅客对服务机型的使用。

10% Object 1 — 消费体验：分类指引明晰，消费区域分类标注明显。

15% Object 1 — 消费刺激：提高旅客候机区消费欲望，增加机场非航班收入。

图 3-40　旅客和机场的关注点

之后我们又提出了系列化产品设计理念：

①**主题突出**。强调有价值的设计点，一个结构的细节，一种材料的搭配方式或一种图案等，只要具有吸引消费者的潜力，就可以成为一个工业系列的设计点。②**层次分明**。层次分明要求在系列产品中有主打产品、衬托产品、延伸产品。主打产品使设计点很完美地展现出来，衬托产品则相对弱一点，设计手法相对平淡一些，它的作用就是衬托主打产品。③**统一变化**。工业系列产品必须统一，才能称之为"系列"，"统一"就是在系列产品当中有一种或几种共同元素，将这一系列产品串联起来，使它们成为一个整体。

IP 前期思考：产品形态规范，产品色彩规范，产品形象标识。

产品概念形态是在意象板基础上进一步的具象化，更贴近实际产品的形态，是对产品设计的进一步指导。但应当注意的是，概念形态强调的依然是其通过形态给人的感受，进行形态设计时应着重参考概念形态的构型方法和构型元素，而不应简单照搬产品概念形态。世间的一切"形"，都可以归纳为几个基本几何图形：三角形、正方形、圆形。而在长期的生活经验中人们对基本几何图形产生了一些基本的心理感受（见图 3-41）。

三角形（尖锐，锋利）　　　正方形（稳定，正直）　　　圆形（亲切，柔和）

图 3-41　人们对基本几何图形的基本心理感受

系列产品在造型上是以长方形为主，通过中间横线处对产品的比例分割来体现产品的信息等级划分（见图 3-42）。长方形给人一种平稳端庄、严肃、大方的感觉。选择长方形进行形态设计，符合产品稳重的形象定位。

根据之前的研究，我们为屏幕选择提供了依据，并制作了初步的表格（见图 3-43）。

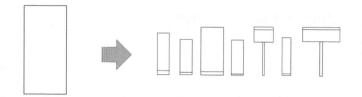

图 3-42　基本几何图形

设备	信息层级划分	屏最佳可视	双屏单显	双显	其他
机场服务导引	▬▬			▬	
半户外服务导引					
航班服务导引	▬	▬			
智能公告					
通关导引	▬				
楼层指引					
Y字形			▬▬		

图 3-43　设备种类建议图

产品功能详细描述：

1. 信息层级的划分

机场服务导引，半户外服务导引和航班服务导引在造型上与其他几款产品在摄像头周围的处理上略有差别。通过一个材质的对比和区域的划分使整个设备更加突出，信息层级指数较高。

2. 最佳可视高度

对每款机型现阶段存在的问题进行分析，总结痛点所在，通过反复试验，确定了显示屏的最佳高度，以保证与人群更好地实现人机交互。显示屏距离地面的高度及人在自然站立状态下，显示屏的最佳可视高度是最需优先考虑的。人在流动或静止的状态下如何高效地通过设备获取有用信息是此款设备在设计时的出发点。另外，还需考虑长时间观看是否会引起视觉疲劳，在人头攒动的候机厅里是否会出现视线被遮挡的情况。

3. 关于风格造型及涂装

在精简造型的同时精简涂装，符合当代设计风格的发展趋势。风格简约的涂装具有品质感，内敛而富有细节。

选取色彩规范的部分示意如表 3-1 所示。

调研部分：

带着平面图，我们到了美兰机场做实地勘测，期间做了大量细致的调研工作，调研图片如图 3-44 所示。美兰机场的导视系统主要分为标识类和屏显类，此次设计我们以屏显类为主。

海口美兰国际机场（Haikou Meilan International Airport），位于中国海南省海口市东南方向 18 公里处，为 4E 级民用国际机场，是中国重要的干线机场之一。

尽管海口全年的平均温度都在 20℃左右，但每年 5 月至 10 月是海口的雨季，尤其 9 月是降雨高峰期，游客出行会有不便。此外，海南岛的东部被称为"台风走廊"，因此夏秋旅游遇上强台风侵袭，海口的交通会受影响，可能航班会取消，水路会停运。

表 3-1　产品色彩系统分类与用途

色彩	色彩名称	色卡代号	色彩样块	用途
产品色彩应用系统	8017A（主色）	黑纱纹 8017A		产品表面喷涂
	8043（辅色）	黑纱纹 8043		
	XW5177HE8（主色）	XW5177HE8		
	XW5187HE8（辅色）	XW5187HE8		
标识色彩应用系统	XW1209HS90	XW1209HS90		LOGO
	XW9164HS30	XW9164HS30		LOGO

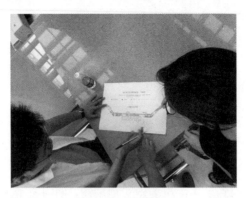

图 3-44 调研图片

海口美兰国际机场始建于 1999 年，于 2005 年投入使用，分为上下两层，呈狭长分布。整个机场分为两侧航站楼，一楼为到达，二楼为出发。由于机场年限较长，航站楼内设备老化严重，尤其是二楼的半户外屏显系统，需要考虑防风防雨。

海口美兰机场一期产品系列设计策略调研资料如图 3-45 所示。

图 3-45 调研资料

机场导视系统屏是机场重要的视觉系统之一，它包括智能航班提示、智能公告、智能指路、智能服务导引、智能动态标识和智能通关导引。整套屏显从高度到显示角度，再到屏幕面积都需要结合乘客的情况具体分析，航站楼层高也不尽相同，作为标准化产品，需要统一考虑。

场景描述 1 接机人休息等候区域： 此区域的人一般都会关注航班信息、航班到达时间或晚点情况等。

人机分析：有飞机降落后，此区域人流会比较密集且流动性大，同时也有人提前在接机区等候；接机人可获取航班信息；下飞机的人需要知道目的地的情况，天气、交通，以及出行建议等。

场景描述 2 乘机人休息等候登机区域： 此区域的人一般都会关注航班信息，到达时间或晚点情况等；部分人有购物需求并希望能提供一些商场活动建议。

人机分析：在登机前，此区域人流会比较密集且流动性大，同时也有人提前在登机口的座椅区等候，睡觉、观望、四处走动、坐着、站着或其他舒适的姿势、玩手机；登机的人需要知道航班信息（见图 3-46）。

图 3-46 航班服务导引前的乘客

通过对美兰机场的两天调研，并结合前期调研数据，我们对机场广告屏一系列产品明确定义，机器、位置、数量及形式；同时通过调研分析出设计点，以及后期设计指导的规范与建议，为下一步外观设计提出指导意见。

最终从效果图到落地，形成了极具家族化的系列产品，使美兰机场成为一道新的靓丽风景线，让游客体会更加智能、便捷的视觉效果（见图 3-47～图 3-51）。

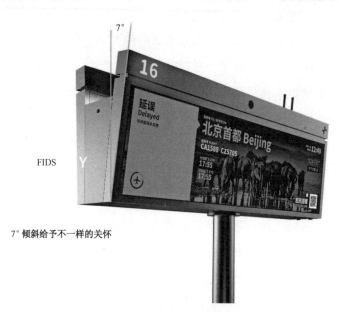

7°倾斜给予不一样的关怀

图 3-47　航班服务导引效果图

图 3-48　航班服务导引实物拍摄

图 3-49　智能公告效果图

图 3-50　智能公告实物拍摄

图 3-51　家族系列化屏显 PI 展示

■ 第八节　深度：
深度工作

　　职场设计师最需要的技能是什么？职场设计师如何找到最好的状态？我想起曾经看到过的一本书是［美］卡尔·纽波特的《深度工作》，在此结合设计师的特点分享给大家。

心智残疾：

你会不会经常这样：在做一件事情的时候，时不时地拿起手机，看看微信，再刷刷微博，反正就是不能完完全全地把事情做完。

也许你不知道，你已经患上心智残疾，这不是危言耸听，拥有心智残疾的人的特征是：①长时间或不停地看手机，②无法集中注意力做一件事，③每天忙碌于琐事中（见图 3-52）。

表现1：不停地看手机　　　　　　表现2：无法集中注意力　　　　　表现3：忙碌于琐事中

图 3-52　心智残疾的表现

很多时候你其实是在肤浅的工作，肤浅工作是指对认知要求不高的事务性工作往往在受到干扰的情况下开展。此类工作通常不会为世界创造太多的新价值，且容易复制。

容易复制是肤浅工作的一个显著特点，想想我们身边什么职业或工作容易复制，是工地的农民工，还是车站的售票员；是路边的小商贩，还是奔走的推销员？各行各业都有肤浅工作一说，设计师尤其是产品设计师，已经越来越不是深度工作的代表，尤其对初级设计师而言。也许你会说，我十年寒窗苦读，历经艺考艰难之路，付出大量时间金钱，大学毕业后竟然在做一份肤浅工作？

我认识很多专科毕业的设计师做的设计非常好，他们有的甚至从来没有接触过美术。可见，学会了犀牛、PS 和渲染之后就足以拿下一份设计师的工作。

学历在这里反倒没那么重要，面试官更多看的是你的作品集，太多平庸的设计师供他们挑选，究其原因就是更多的设计师在重复工作，没有创造新的价值，就是肤浅工作。

从网上找些图，随便想想灵感，改改参考图造型，然后建模渲染，做出方案。快的时候一个设计师两三天就可以出一个方案，一周可以同时做三个项目。设计的流水线一旦启动，设计师就像机器一样开始加工图纸，标准的运作流程无法凸显出创新的东西，或者模式不足以支撑创新的发生。那么这家公司也是一家肤浅型的设计公司，你也将沉浸于肤浅工作。

所以，从学校时期，设计师就有必要养成深度工作的习惯。

深度工作是指在无干扰的状态下专注进行职业活动，使个人的认知能力达到极限。这种努力能够创造新价值，提升技能，而且难以复制。"难以复制"是设计师的一个非常核心的竞争力。举个例子，同样的一个项目，A 设计师 B 设计师都可以完成需求方任务，那么就看哪个设计师更便宜、效率高了，如果只有找 A 才能得到想要的方案，那就证明 A 的"难以复制"高于 B。

让我们看看设计行业未来越来越贵的三类人（见图 **3-53**）：

能够与机器对话的人　　　　　　拥有个人IP的人　　　　　　资本家

图 3-53　设计行业未来越来越贵的三类人

第一类：熟练操作电脑，掌握软件技能、设计方法的设计师、产品经理、更高级专业类设计人才，例如，车载类产品设计师；第二类：行业顶尖王牌设计师；第三类：拥有资本的设计师。

第一类是工作质量和效率都达到精英水平的设计师，也是我们大多数的设计师的努力方向，掌握设计软件和设计方法，拥有一定的行业经历和设计经验，活跃于各大设计公司与企业，是设计行业的中坚力量，资历上应该会不错。

第二类是拥有个人 IP 的人，超级明星，行业尖子，如今每个人都是产品，把自己当成这辈子最好的产品去打造。个人品牌就是最好的护城河，一旦打造出来，很难被复制。在增量经济的时代，或许个人 IP 的价值还没有完全展现，但是在现在这个存量经济的时代，品牌价值就会体现出来。例如，一个设计师有了一些作品，然后会形成自己的风格，很多人会慕名而来，在个人 IP 的辐射维度里，个人的价值被最大化凸显。

第三类是拥有资本的设计师，当设计师拥有资本，不管是研发产品还是组建公司都将游刃有余，另外资本可以赚取更多资本，世界大多数的财富也来源于此，需要一定积累或起点。

用一句话概括，未来越来越贵的三类人是工作质量和效率都达到精英水平的设计师，有个人 IP 的设计师和有钱的设计师。而要想成为这三类人中的任何一类都离不开深度工作，所以我们要知道深度工作能够为我们带来什么。第一，可以让我们迅速掌握运用复杂工具的能力。例如，学一个软件，或者看一本书，甚至理解一个设计观点都会比别人更快更好。第二，工作质量和效率都达到精英水平的能力。例如，同样工作三年的设计师 A 比 B 在质量和效率上高出不少。

深度工作这么好，为什么我们很难进入深度工作呢？除了之前提到的心智问题，概括下来还有三个（见图 3-54）：

最小阻力原则

我们一般都喜欢做阻力小的事情，例如，当我们可以用熟练的软件快速完成某个模型时，我们就不会选择新软件来建模，因为它们又费时，又费力。在完成工作的过程中，如果没有明确的反馈和标准，我们倾向于采取最简易的行为，即肤浅工作。

例如，频繁召开项目例会。这些会议往往使人无法持续专注，导致日常工作无法及时完成。但人们仍旧坚持开，是因为这样更简单。并且，多数人并不愿去管理自己的时间和工作任务，而是让每周例会迫使自己采取一些行动，或者提供一种取得进展的可视幻象。

忙碌代表生产力

很多时候我们会觉得，越忙我们创造的价值或自我满足感越高，其实不然，因为忙碌代表生产力是一种假象，让我们沉醉于快节奏的肤浅工作中。当工作的生产能力和价值没有明确的指标时，多数工作者都会采用可视的方式完成很多事情，即围绕肤浅工作表面忙碌。正如 2013 年雅虎新任首席执行官玛丽莎·梅耶尔说的那样：如果你看起来不忙碌，我就认为你的产出不高。

对互联网顶礼膜拜

互联网时代的今天，我们几乎对互联网到了顶礼膜拜的程度，一有问题就去互联网上搜索，没有灵感也去互联网上寻找灵感，可以说每天几乎 24 小时都在互联网上，互联网极大地分散了我们的注意力和行动力。在以网络为中心的技术垄断时代，深度工作让位于分散精力的互联网行为。正如尼尔·波兹曼所说，我们不再权衡新科技的利弊，开始自以为是地认定，只要是高科技就是好的。

最小阻力原则　　　　　　　　忙碌代表生产力　　　　　　　　对互联网顶礼膜拜

图 3-54　深度工作阻力

那我们该如何做到深度工作？

几个建议：①摒弃或最小化肤浅工作，实现深度工作最大化；②将时间分成两块，分别用于深度工作和其他事务；③将深度工作转化成常规习惯；④随时可插入深度工作；⑤找到合适的场所，设定时长，制定工作时的规则和设定目标，保持大脑的深度水平；⑥通过对周围日常环境做出改变，辅以投入可观的精力或金钱，由此提升任务的外现重要性。这种重要性的提升，将降低大脑继续拖延的本能，让人更有激情和能量投入深度工作；⑦定期放松大脑，拥抱无聊，克服分心，屏蔽网络；⑧明确职业和私人生活中的高层次目标，以高层次目标为导向，思考当前方式、习惯对达成该目标是积极影响，消极影响，还是无影响，并积极改正；⑨思考社交媒体能为我们带来什么，寻找网络的代替品，即更高层次的习惯。

最后，希望大家以更高的标准要求自己，减少肤浅工作时间，增加深度工作时间，成为越来越贵的三类人中的一个。

第九节　离开：
选择一段时间离开设计

一、设计的瓶颈

在每个设计师的成长过程中，都会遇到不同的瓶颈期，这其实是一个非常正常的情况，当你经历一段时间的快速进步后，会忽然发现自己好久没有进步了，发现自己一直在机械地重复着相同的工作内容和习惯，感受到自己的成长的停滞，这个时候你就要怀疑自己是不是到了设计师的瓶颈期了。

对于处于瓶颈期的设计师，我有几个建议：第一，当你发现自己持续的处于瓶颈期，可以思考一下是不是应该换一个环境来改变一下自己的状态；第二，如果无法改变外部环境时，你可以选择花一段时间进行复盘总结。仔细思考一下，卡在哪里，有没有突破方式；第三，你也可以去和一些有经验的人聊天，去跟他们取取经，看看是否有突破的方式；第四，你可以多读一些书，多读书永远都没错，需要注意的是，在这个阶段一定要选择合适的书来读，这样可以帮助你产生一些新的灵感或是解决问题的新思路；第五，参加一些展览展会，或者一些更好的社交活动如沙龙分享会等的设计交流活动。

总之，无论你采用何种方式度过瓶颈期，你都要知道两点。第一，瓶颈期就在那里它一定会来；第二，瓶颈期也一定会过去。所以，我们要以平常心对待瓶颈期。千万不要轻言放弃，也不要因为一点小成就而沾沾自喜，当你发现自己处于瓶颈期时，应该这样去想，我又到了进步的关键节点，越过瓶颈期，我的各方面能力都将会有一个质的飞越。

我们应该把瓶颈看作是一个成长的契机，就像王者荣耀里的晋级赛一样，瓶颈是经过一段时间的持续努力才赢得的，所以要珍惜瓶颈，把握瓶颈。

在我这些年的设计生涯里，遇到过三次瓶颈，第一次是毕业 1 年半左右的时候，那时对软件已经熟练很多，项目也做了几十个，开始熟练地和客户聊天，与结构对接，开始大胆地排版，展示自己的想法，技能上也成熟很多，可以快速进入一个行业。但连续几个月都能感受到自己没什么进步，不会的依然不会，会的只是更熟练。后来我无法调整过来就换了公司；第二次是毕业 3 年多的时候，新的软件没有精力学，很多观念已经固定，这时候开始带设计师，开始输出；第三次是毕业 5 年左右的时候，面临职业生涯的转型，是继续做设计师、设计管理，还是做别的，这个时候更尴尬的是经验上去了，但技能还没上去，眼高手低，资历上去了，但思维还没上去，所以也纠结了很久。

二、如何度过

在我看来，中国的设计发展有些畸形，抛开整体的设计环境不讲，单从设计师的角度去考量，我认为我们中国的设计师内心普遍有些浮躁，这点非常不好，一味盲目地追求经济效益而不去考虑设计本身的价值与内涵，导致我们的设计作品缺少"精神"。所以我认为，要想成为一名优秀的设计师，首先就要戒掉浮躁。中国的设计需要沉淀下来，从本质上去思考，这样我们的设计才能做到良性发展。

（一）主动思考

设计是用来做的，不是用来教的。"如果你真是职场的战士。我就会把你的自尊打碎，再一片片重新粘起来，因为你是有性格缺陷的"。不爱被束缚，我相信这是很多刚进入设计行业的设计师都有的通病。

科班出身，拿过很多概念大奖也无法证明你可以做好商业设计，毕业的一刻准备好重新学习。受挫－学习－再受挫－再学习，不断地修炼自己。

工业设计是一门跨学科、应用性极强的专业，需要学习和了解的知识面、经验非常多，进入这行要做好终身学习的准备，同时需要做好高付出，低回报的准备。

（二）行动力

想到就去做，设计亦是如此。

合理地利用大学充足的时间，养成良好的作息、学习习惯，保持健康的身体和充沛的精力，尽可能地让软件技能达到最优，并提高效率。

多培养一些高级的爱好，例如运动健身、读书、思考等；少培养一些低级的爱好，例如，游戏、抖音、闲聊等（见图 3.55）。

读书	深度思考	与合适的人聊天
无论什么书	让大脑去寻找答案	深入的交流
Point 01	Point 02	Point 03
旅行	丰富人生经历	展会/其他专业活动
旅行≠旅游	设计来源于生活	不一定是设计展
Point 04	Point 05	Point 06

图 3-55　度过瓶颈与迷茫

三、设计之外

我经常愿意跟设计师朋友做一些分享，虽然我们每天都在做设计，每天都在学习设计、关注设计，但是其实我们应该在某一个时刻放下设计，去做一些别的事情。设计往往需要思维的跳跃性，创意度的持续，大脑的充分休息，这样才可以进行深度思考。其实这个是很有必要的，因为我们很长时间在一直重复着设计的脑力活动，使我们的大脑无法快速转换，更多的是机械地运转。

离开设计，不仅是思想离开设计，而且身体也要离开设计。当然并不是让大家辞职，也不是单纯地进行休闲娱乐，而是进入一种特殊的休息模式，放空自己。例如，我们可以到一个陌生的国家或陌生的地方进行一些其他活动，最好是独自；也可以选择尝试一个其他领域的工作，接触一些新的事情，从不同的角度去体会人生，思考自己。这个时候你可能会发现，看似每天接触的行业都在做不同，看似我们一直在追赶潮流，但真正能够改变的行业其实并不多。

也有人这么说，当你设计累了或是感觉做设计没意思了，你就去放空自己，做些别的事情，之后你会发现还是做设计有意思；还有人说过，千万不要把自己的爱好变成自己的职业，你很有可能会失去它或不再爱它。无论如何，糖吃多了会腻，一件事做久了会烦。坚持和忠贞的意义并不仅仅是死守，而是为了更好的目标。如果设计是我们的目标，那设计之外，有更广阔的世界等着我们去探索。

187

第十节　体系：
构建自己的设计理论体系

一、构建自己的设计理论

在学校时，我们会学习基本的设计理论，了解设计原则和设计大师的设计理念。当我们毕业后，做了一段时间设计，就慢慢需要构建自己的设计理论体系，这样才能支撑我们的设计方案和设计风格的走向。

相信很多人都引用过一些既有的设计理论体系。例如，黄金分割、极简主义、包豪斯风格、美国现代主义等。但其实对于产品设计很少有行之有效的，万能通用的设计方法论，更多的都是需要自己总结的。不同时代背景，不同主题的设计，需要的支持是不一样的，在日常设计生活中我们需要有意识地积累、归纳、总结出属于自己的设计方法论体系。

分享我的设计方法论。

1. 这个世界是圆的，曲线是有温度的

直线是构成几何图形的最基本元素，由无数的点组成，向两端无限延伸，其长度无法度量，直线是面的组成成分，是一种轴对称图形。"直线"其实是人类创造的，而自然界却不喜欢创造直线。所以我们在自然界中几乎很难见到呈直线流动的河流，河流总是喜欢走"曲线"，也就是走弯路，如九曲黄河。

在设计中，我更喜欢用曲线表达，即使是有时不得不使用直线时也多用近似直线的曲线，当然，任何设计方法论都要放到具体设计案例中去分析，这样才好理解，也有很多设计师喜欢用直线去做设计，方法论没有对错之分，纯看个人喜好，选择更贴近自己和适合自己的方法才是最重要的。

2. 设计要让人易懂，好的设计会说话

有时需要让方案去做自我讲述，其实就是要让设计成功传达出所要表达的内容、价值，让消费者和用户形成共鸣，而不仅仅是看宣传图或广告语上赤裸裸的表达。

3. 设计要讲逻辑

很多人说设计是一门偏艺术的学科，为什么要讲逻辑？其实不然，工业设计是介于艺术和理工科之间的学科，它和很多专业都有交叉，所以无法定性。目前国内外很多学校其实是偏工科的，这就是为什么很多学校的工业设计专业设置在工学院或机电学院下面，为什么很多理科生可直接报考工业设计专业的原因。很多设计师比较随性，从作图的图层都可以看出来，但有逻辑性的设计师更加高效，寻找到设计中的逻辑也同样会让你事半功倍，增加做出好方案的概率，做事也条理清晰，让人无懈可击。逻辑感强的人在做设计时会寻找到更多的艺术逻辑。何为艺术逻辑，就是在一定创意度内把形体、轮廓色彩呈现出严谨和舒适的视觉感受。

第四章 循环：
设计无法停下脚步

■ 第一节 学习：
学习，不停地学习

一、做好终身学习的准备

（一）紧跟时代潮流

做设计越久就发现知识越不够用，也许你和我一样正走在不断学习的道路上，也许你还在踌躇是否要继续坚持，但无论如何，学习，不停地学习是我们唯一的选择。

于设计师而言，一方面要关注民生，紧跟热点；另一方面要多从设计的角度去思考，去寻找问题，解决问题。就拿刚刚发生的疫情来说，其破坏和影响将在未来几年的时间里持续显现，甚至改变我们的生活方式，抗疫期间也有很多不错的设计作品应运而生，当然这将不是一个短时间的热点，在未来持续的长时间里，关于卫生、健康、医疗、室内运动等都将是设计师发挥的方向，个人护理类产品将会得到更多的关注。

一场疫情让人们意识到健康远比工作更重要，生命远比金钱更珍贵。伴随着中国老龄化时代的到来，5G／6G 时代的到来，未来，国内设计师的关注点必将有别于现在，当我们意识到变革时，变革早已发生。所以，紧跟时代潮流，积极涉猎当下的知识和观点是不可或缺的。

（二）利用碎片化时间

现在我们的碎片化时间越来越多了，上班路上、工作小憩、茶余饭后，甚至在等车的时候都会有大段的零散时间，这些时间叠加起来是非常大的一块。在信息化如此发达的今天，我们和世界的距离也会在这些时间里被缩短，所以，学会如何利用碎片化时间是一个非常必要的技能。

如果说工作时间让我们的专业技能越来越好，那么碎片化时间会让我们懂得越来越多，成为一个更加全面、完整而丰富的人。碎片化时间的利用不仅仅只是在闲下来时举起手机，或者翻几页书，最好是可以在点与点之间形成一种潜在联系。例如，我们早晨上班路上看的一个观点，中午吃饭时可以和同事讨论，下午茶时可以查询一些资料，吃完晚饭又可以把自己的想法记录下来，这样一整天围绕着一个点来思考，对于观点的认识也会更加深刻，思考会更有深度。

（三）就近学习原则

就近学习不仅仅指物理空间中的学习，而且指当我们在做一个项目时，可扩展的思维宽度，这种方式非常适合设计师成长。设计师普遍缺乏良好的学习习惯和充足的阅读时间，因为他们的大部分时间都投入在项目中，而项目又会经常反复、迭代。所以设计师的成长大都围绕着项目的进行而始终。

例如，设计一个空气净化器的项目，在前期调研时设计师会了解目前全球主流净化方式都有哪些，有哪几个品牌，它们现在的产品卖得如何，行业最新的一些技术和动向如何？等等。在这个背景下，我们会正常的展开设计工作。我们的思维也会向此倾斜，那就不妨多进行一些涉猎：了解一下净化器的发展史，空气净化的原理，知乎、得到、微信都可以进行单独知识点的针对性搜索，这样在设计工作的时候也会起到一些帮助。这是一种高效的运行状态，当然也需要设计师努力在此期间寻找到足够兴趣点，如果变成任务那就没必要了。

（四）养成习惯

终身学习不是一个口号，而是一种习惯，习惯就是不假思索、下意识去做的事情，就像回家后打开电脑，低头时翻翻手机，打开游戏界面登录账号和密码。当学习变成一种习惯之后，我们拿出哪本书翻到哪一页，打开哪个 App 关掉广告，点进哪个页面，收听哪个分享都变成了一种习惯，当意识过来时早已进入了学习的状态。

学习可能是很多同学、朋友充满痛苦的回忆，包括我在内，在高考之前，我都是硬着头皮学，因为没有兴趣，但在上大学后，我找到了一些兴趣点反而喜欢学习了。我想这有两方面原因，一方面是我有一颗追求进步的心；另一方面是我摆脱了以往"不学习"的习惯，这样就给予了自己更多的机会。

在繁忙的工作中，我们经常忙到无法去想要学什么；信息化的今天，知识的丰富度也让我们应接不暇，所以，养成良好的学习习惯和终身学习的习惯非常有必要。

二、学习渠道分享

学习这件事，真正想学的人，早已在路上，而没有下定决心的人，却一直在寻找。曾经的我就是后者，硬盘里的电子书都快放不下了，也没看过几本；书店借来的书，到期了再续借，反复循环；收藏的网站从来没有怎么浏览过，都快忘记了曾经收藏过。

准确、效率、目标性强是现在我们寻找知识的方向，例如，要寻找一些灵感，我们需要以最快速度的打开网站，并搜索到关键信息，另外我们还需要多元、多角度的认知，因为有时不能从一个知识点去判断整件事情。

学习时结合自身是非常重要的，当我们得到了一些渠道及资料后，能否将它与个人习惯融合起来，决定了知识的获取率。另外，思维也很重要，当我们的思维是开放的、发散的时，看到的图或文字都有无限的可能性和延展性；当我们局限在一个点时，那图片和文字仅仅是它本身。举个例子：日常工作中设计师经常有找灵感图片的需求，当我们没有灵感的时候，会在网上找一些图，这时第一种方式是找类似的图片。例如，做口罩设计，我搜索的关键词是：面罩、口罩、罩、面具等相关的词汇；第二种方式是搜索一些不相关的，或者看到任何图时，我都会做口罩的联想和发散。看到一个眼镜，会想我可不可以做左右两部分的口罩？看到一支笔，会想我可不可以把口罩卷起来做成一支笔？

对于学习这件事，每个人都有自己的方法，每个人的知识构架，有所不同，所以在此只做几个简单推荐（见图 4-1）：

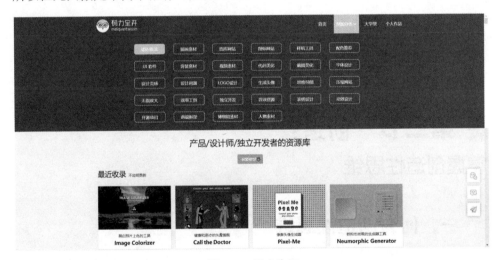

图 4-1 码力全开

1. 码力全开（**见图 4-1**），一个不错的设计师资料库，这里信息量很大，网站已经分门别类地替设计师整理好各种资料，但对于不同的图的检索，还需要设计师自己都试试。

2. Google，翻墙出去，用英文搜索你想要的东西，很多设计项目需要我们站在全球的视角去看，也许你想出来的好点子，竟然是国外很多年前的过时产品。

3. Behance 和 Pinterest，两个不错的国外设计网站，当然国内的普象网里也有很多转载，也都可以看到相同的作品，这些设计师朋友们应该都不陌生。

4. 手机知识型 App 分享，樊登读书、混沌大学、得到、知乎、知识星球、喜马拉雅，等等，现在移动互联网这么发达，刷抖音和快手都可以学到很多知识，关键在于你的关注点在哪。App 只是一个入口，进去之后，你想得到什么完全取决于自己，所以 App 不在多而在精。有个朋友一个 App 都不下，就在微信里搜索，在公众号里学习，知识面非常广。另外，对于一些必要的知识投入，个人建议要果断，要趁早。有时错过的不仅是一些知识，而是学习这些知识合适的年龄与心态，以及需要这些知识获得更多机会的更好的你。

另外，1000 个设计师就有 1000 个哈姆雷特，设计师之间的相互学习与分享同样重要，我同样也在学习收集中，唯有不断地学习才能跟得上时代的发展，社会的变化；唯有不断地学习才能做一名更合格的设计师。

第二节　创造：
掌握创造性思维

一、何为创造性思维

每个人都是这个世界所创造的，同时每个人都可以创造世界。每个生命都是独特且唯一的。我们需要挖掘生命的潜能，才有机会与那个充满力量的自己相遇。

一个生命是否充满智慧，是否充满创造力，与他的心智模式、思维模式息息相关。心智模式即定势模式，是人们看问题、想问题的习惯方法。思维模式则是借以实现的形式。概念、判断、推理、证明是不同的思维形式。

创造性思维并不是漫无边际、天马行空式的创意，而是一种能提出问题、解决问题、创造新事物、帮助人适应环境的能力，这就像极了设计师的职业。所以，是否具有开创精神，是衡量一个设计师是否合格的重要标准。

创造力源于开阔的想象力，这不仅仅是与生俱来的才能，更是多年思考习惯、教育背景、职业习惯等养成的结果，根据伦敦大学玛丽皇后学院和伦敦大学金史密斯学院科学家的说法，人类大脑需要抑制明显的想法以达到最具创造性的想法。创造力要求我们摆脱更常见和容易达到的想法，但我们对这在大脑中是如何发生的知之甚少。

举个例子，当我们需要设计一款全新的产品以引领行业时，首先需要摆脱行业的定式，但并不是挑战行业的规则，而是在此基础上寻找新的可能性。如果想创造一个行业，或者一个品类的产品，就更离不开创造性思维了。

其实创造性思维不是一定要凭空想象并设计出一个什么产品，而是基于我们过往的经历、经验，将现有产品进行结合或改良使之成为一个全新产品，实现全新功能。创造性思维见图 4-2。

图 4-2　创造型思维

多湖辉老师 2002 年出版的作品《创造性思维》提到：

创造性思维具有新颖性，它贵在创新，或者在思路的选择上、或者在思考的技巧上、或者在思维的结论上，具有着前无古人的独到之处，在前人、常人的基础上有新的见解、新的发现、新的突破，从而具有一定范围内的首创性、开拓性。

创造性思维具有极大的灵活性。它无现成的思维方法、程序可循，可以自由地、海阔天空地发挥想象力。

创造性思维具有艺术性和非拟化的特点，它的对象多属"自在之物"，而不是"为我之物"，创造性思维的结果存在着两种可能性。

创造性思维具有十分重要的作用和意义。首先，创造性思维可以不断增加人类知识的总量；其次，创造性思维可以不断提高人类的认识能力；再次，创造性思维可以为实践活动开辟新的局面。此外，创造性思维的成功，又可以反馈激励人们去进一步进行创造性思维。正如我国著名数学家华罗庚所说："'人'之可贵在于能创造性地思维。"

二、如何掌握创造性思维

如何掌握创造性思维？从以下4点展开：

第一，有大量的知识积累。如果你对某个领域的知识一无所知，那么想在这个领域创新几乎是不可能的。曾经有一位数学系的本科生，破解了困扰国际数学界17年之久的难题。据说这位同学从初中开始，就对数学产生了浓厚的兴趣，自学了大量数学知识，上大学后每天出入图书馆，经常在宿舍捧着从图书馆借来的英文数学文献学到深夜。

如果一个设计师长年累月在一个品类里做设计，那么他极易在这类产品中形成创造性思维，做出不一样的产品。

第二，那些富有创造力的人，经常在不同领域或不同学科的交汇处找到灵感。提到跨界不得不提到乔布斯，直到现在，苹果手机因为它极具创新性的设计，仍然风靡全球。其实，乔布斯曾经学习过美术字，多年以后，那些美术字课程的学习，让他捕捉到了科学永远捕捉不到的艺术精妙，他把这些关于美的理念用于苹果手机的设计上，乔布斯自己曾说：苹果手机最不可替代之处，就是它是科学与艺术的完美结合体。

第三，**创造性思维要大胆，打破定势思维，甚至勇于背离常理。**这个世界有太多的既定事实，很少有人去打破他们，所以，设计师要勇敢地去打破重构。当然，打破重构是在了解自然界运行基本规律的前提下，不是随意的打破。

思维定势就是我们长时间积累的知识、经验、习惯等形成的一种固有的思维框架。举个例子，妈妈问哥哥，冰融化了是什么？哥哥说是水。同样的问题问妹妹，她说："冰融化了是春天！"妹妹没有学过物理知识，她的思维是不受限制的，所以能说出这么有创造性的答案。

第四，**掌握创造性思维的前提是了解生活。**设计源于生活，设计的真正意义在于对生活的感悟，要求设计师有丰富的生活经历，脑海中有各种资料库，可以随时提取。创造性思维的培养，在于关注生活细节，一杯水，一棵树，一阵风都可以成为一个方案，两个完全不相干的事物完全可以结合在一起。设计师需要细致地观察周遭的事物，掌握并形成对其不同的反馈。

第三节　未来：
定制化时代的来临

一、定制化

是否有一天你厌倦了设计及周遭的事物？我们穿着一样材质和款式的衣服，戴着同样的帽子和首饰，用着同样品牌的手机，走在同样的街道，淹没在同样的人群中。

这就是后工业时代我们的现状，机器化批量生产带来的丰富的物质产品已经磨平了我们的不同，我们都背着一样外壳，不同的只有思想。曾经只有有钱人家里能用上的家电，现在已然成为每一个普通家庭的标配；曾经只有艺术家才能画出的巨作，在信息技术充分发展的今天被大量被仿制；曾经琳琅满目的定制化手工产品正在以光速远离我们。

产品定制在这个消费升级且快消品泛滥的年代里，可以说是反效率的。就像高端定制的奢侈品钟情于手工缝制、编织打磨等工艺，在研发中投入的精力往往能显示出产品的独具匠心。一块瑞士手表可能会花去一个表匠几个月的时间，它拥有机械化批量生产出来的产品所不具备的美，同时，手工的加入也会让产品的成本升高，所以很多奢侈品会这么做。定制化示意见图 4-3。

图 4-3　定制化示意

定制本就是小众且独特的细分市场，是物质消费无法达到的个性消费需求，从给予用户更极致的产品细节来说，定制产品所包含的精致工艺、ID 构思，以及实现难度都需要高售价进行支撑。

定制化的兴起，是因为行业和需求被无限细分，这个趋势已经形成了，在美国或发达国家的一些年轻人，他们已经爆发出了定制化购买力量，很多产品也因为小批量的成本降低，大家都能接受。定制化在垂直领域会无限地挖掘用户的需求，我们会被照顾得越来越好。

举个例子，一个成本一块钱的手机壳最终经过了层层的成本叠加，达到了十几块钱的售价，批量生产的逻辑就在这里，如果从工厂直接发货，少去了物流、店面、人工等成本，可能七八块钱就可以到达用户手中。但现在用户会花三十、五十甚至更高的价格去选购一款符合自身特点和需求的手机壳，那么之前的性价比对于他们来说就没有吸引力了。

记得有一次我买了一个小米的背包，第一次背出去就在地铁上发现了好几个和我背的一样的包，之后我就再也没有背出去过，一方面是因为我觉得这个东西承载不了我想表达自我特点的愿望；另一方面是很多具体需求没有被满足，虽然它的兜很多，但对于我想放进去的东西总是或大或小，在我的使用习惯方面也不是很友好，倒不是因为我是设计师所以对产品更加挑剔，而是很多和我一样的用户已经在追求性价比的同时，开始了向需求定制化迈进步伐。

我们的人生是定制化的，独一无二的，我们的设计师定制化也是独一无二的。未来设计师将不再仅仅只为批量化的产品服务，将越来越多地进入行业细分领域，做一些定制化设计。

定制化趋势的真正到来需要几个前提：

（1）**定制化成本的下降。** 因为只有大家都能接受的价格，我们的服务和产品才能够被更多的人所用，或者说提高单个产品的附加值，例如，曾经一个手机壳卖 10 元，但未来一个可以卖到 50 元。这样就有了更高的利润空间，会有更多的企业来推动定制化的发展。

（2）**定制化的价值需要被认可。** 刚提到了定制化的产品需要大家有经济能力来购买的前提，同时也需要用户认可这个产品的价值，或者说是定制化带来的附加值。彰显自己的个人属性已经是一个趋势，在美国，现在的年轻人们，他们背的包带着伞，用的一些产品，都在不断地彰显自己的不同。同样，在中国的年轻人中也有越来越多的人开始秀出自己的不同，开始讨厌千篇一律。这本就是一个丰富多彩的世界，为什么我们要一模一样？

一双定制化的鞋子

2020 年我创立了 SCRAT3D 实验室，开始践行定制化设计的梦想，其中有一款鞋子的设计分享给大家。

这款概念鞋名叫"鲮鲤"，是一款便携式涉水鞋，这里简单给大家普及一下什么是涉水鞋，涉水鞋又叫"溯溪鞋""水陆两栖鞋""排水鞋"，是指能够防滑、排水拒水甚至遇湿后可以快速变干的鞋子。主要用于户外趟水、溯溪等。此鞋的用途极其广泛——野营、登山、溯溪、戏水、郊游、垂钓、沙滩玩水、海滩玩水等。

对于为什么叫"鲮鲤"这个名字，它其实是"穿山甲"的别称，"PANZILLA"是穿山甲的英文名字，穿山甲具有坚韧不拔、克服万难的专研探索精神，这款 3D 打印一体成型的概念鞋设计如图 4-4 所示，作为一款户外涉水鞋，鞋子表面的肌理也参考了穿山甲的鳞片的造型，希望在户外多变的环境中能够给用户的双脚以有效的保护和充分的呼吸。

图 4-4　scrat3d 实验室"安踏杯"获奖作品

通过图 4-5，可以非常醒目地看到穿山甲的鳞片肌理，与我们的参数化设计，完全融合在一起。这种灵感的发掘，当时在内部头脑风暴的时候，就让团队很兴奋，并一直深化下去。

图 4-5　鲮鲤设计过程

　　首先，我们在设计之初就将这款鞋定义为一款充满前瞻性的一体鞋，它在加工，运输、使用等环节都变得更加高效和可持续性。这条宗旨从头到尾，一直坚持并贯穿于设计全过程，并实现批量化。使用自研弹性材料 STM，具有极强的弹性、韧性和可塑性，在不同的场景下能自由地与自然融合，满足多种户外要求，是户外鞋的不二选择，这也是我们方案落地的一个优势。如图 4-6 所示，通过对不同人的脚型和力学的分析，参数化设计生成，达到可定制化的高附加值产品。前面我们提到定制化时代的到来，是的，每个人的脚都不同，未来我们不用穿均码的鞋子，而是可以拥有只属于自己的鞋子。

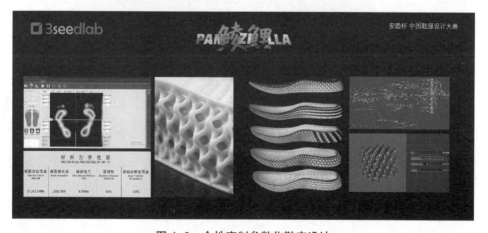

图 4-6　个性定制参数化鞋底设计

　　这款一体鞋采用轻量化的设计，它的重量是普通户外鞋的 1/3，结构的设计和材料的特性使其具有良好的透水性和速干性，同时参数化的减震结构、鳞片状的散热孔，使其在进行多种户外运动时也不会感到脚"闷"或贴脚等不适感。通过对人体脚掌的压力分析，我们让鞋底变得更加舒适，贴合脚掌。在长时间的户外活动中，减少意外的发生。这款鞋中间压平，可以非常方便地收纳和携带，擦洗也非常方便，特别是包装，也减少了很多的耗材和体积空间。

外出时鞋子的携带一直是困扰用户的一个问题，所以我们聚焦于此，最初的灵感来自雨鞋，后来经过反复思考，我们决定把鞋子"拍扁"，这样能实现鞋子的便携性和急速收纳，最终通过不断地在二维和三维间转换，我们实现了在满足鞋子功能前提下的最小空间占比，如图4-7所示。

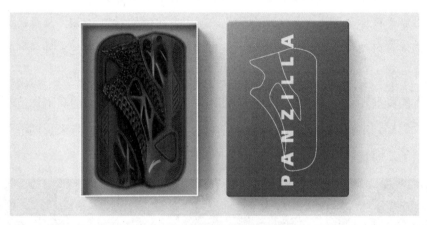

图4-7　收纳放置在鞋盒里的状态

我们还设计了定制化的口罩，以及定制化的个人护具、剃须刀、牙刷。还有针对外卖骑手的定制化头盔等。未来会有更多的定制化产品面世，而越来越多的设计师也加入其中。接下来为大家分享与定制化联系最为紧密的3D打印技术。

二、3D 打印引领第四次工业革命

说起定制化，不得不提的就是 3D 打印了，越来越多的制造者、设计师都把3D 打印看作第四次工业革命的开始（见图4-8）。

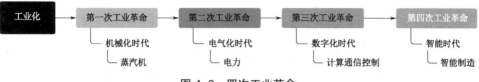

图 4-8　四次工业革命

　　工业化（产业化）的本质是为了人类文明的可持续发展，通过持续采用新技术和追求高效专利化组织，不断提升以设计和制造活动为核心的物质生产的水平。所以，不断提高理想度的设计制造一体化是工业化（产业化）迈向理想化最终结果的必经之路。历次工业革命的技术系统分析如图 4-9 所示。

工业革命	特点	理论基础	能源动力装置	设计范畴	制造范式	生产管理/度量控制
第一次（1750-1850）	机械化		蒸汽机	手工作坊>单兵	原始等材、减材	单台机器生产
第二次（1850-1950）	电气化	基于确定性和标准化的机械还原论	石化电力/内燃机、电动机	单兵>小团队	现代减材、等材	基于装配流水线的大规模生产
第三次（1950-2020）	数字化	控制论+系统论	喷气动力、核动力	传统系统工程	现代减材、等材	基于计算机的自动化生产
第四次（2020-？）	智能化	系统论+控制论+信息论	可再生能源/基于可控核聚变得动力装置	现代系统工程（MBSE+数字孪生）	基于增材制造的工艺融合	基于工业互联的智能工厂

图 4-9　历次工业革命的技术系统分析

　　基于增材思维的先进设计与智能制造，作为新一代的物质生产技术，与新一代人工智能技术深度融合，形成真正的新一代智能制造技术，进而成为第四次工业革命的核心技术引擎。以精微材料为起点，以数字化控制为手段，创造性地实现在零件制造过程的同时制备材料，制备材料的同时制备零件，将传统上材料选择制备和工艺加工的串行过程转变为成型和成型的并行过程（见图 4-10）。

　　产品的制造生产走了一个螺旋上升的路径，产品制造范式的转变也同样走了

203

一个螺旋上升的路径。以增材思维实现设计与制造的融合，并且增材、等材、减材、微纳、仿生等制造唇齿相依的工艺融合的新时代。

什么是增材思维？了解什么是增材思维，需要知道与之对应的等材、减材思维和方式。

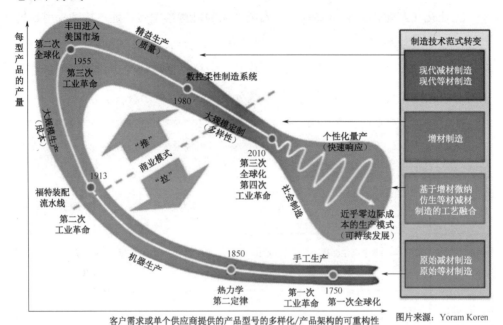

客户需求或单个供应商提供的产品型号的多样化/产品架构的可重构性 图片来源：Yoram Koren

图 4-10　人类历史制造阶段的发展

纵观人类历史，人类制造方式的发展经历了等材制造、减材制造、增材制造 3 个阶段。等材制造是指通过铸、锻、焊等方式生产制造产品，材料重量基本不变，这已有 3000 多年的历史。减材制造是指在工业革命后，使用车、铣、刨、磨等设备对材料进行切削加工，以达到设计形状，这已有 300 多年的历史。增材制造，也就是 3D 打印是指通过光固化、选择性激光烧结、熔融堆积等技术，使材料一点一点累加，形成需要的形状。这项技术于 1984 年开始在实验室研究，1986 年制出样机，距今只有不到 30 年。3D 打印实现了制造方式从等材、减材到增材的重大转变，改变了传统制造的理念和模式，大幅缩减了产品开发周期与成本，

204

也对推动材料革命具有重要意义。我国自然资源严重不足，人均占有量低于世界平均水平，如果能广泛应用增材制造方式，就可以减少资源、能源消耗，有力推动发展方式的转变。增材制造的理念不应仅仅局限于制造业，服务业等，其他行业也可以借鉴这一理念。

■ **第四节** 身体：
身体是革命的本钱

一、健康为第一要务

设计虽然重要，但要想做出好作品的前提是有一个好的身体和一个可以集中精力思考的大脑。

当我还是一个 20 多岁的年轻人时，我能够进行连续近 4 个小时的奔跑，不会抽筋，也不用做热身，但是自从毕业之后第 3 年起，身体开始出现一些小问题。

长时间使用鼠标会觉得手部不适，大概有一点腱鞘炎的感觉。颈椎有时候也会"闹点小脾气"，记得几年前有一次周末加班，忽然感到非常疲惫心慌、心跳加速，去医院拍了个心电图，医生说心脏没事，可能是颈椎压迫神经、休息不足等原因导致的，拿着检查报告在回家的路上，我在想如果这个时候离开这个世界，我最留恋的是什么？是公司那张没做完的图，还是电脑里的数据；是我的家人，还是我的朋友；是那些没实现的梦想，还是这个无法放下的世界。

设计师的健康已经成为一个刻不容缓的问题，在我还不算太久的职业生涯里，遇到过很多年轻的设计师腰椎颈椎不好、胃不好、鼠标手、经常失眠等等，这些问题大都是因为长时间的伏案工作，脑力思考和精神聚焦导致的。

终极的健康秘籍，并不是看一些养生的书或和老大爷一样喝茶遛弯儿，主要是要少"作"。

（1）减少不必要的熬夜和晚睡，形成健康的作息规律。熬夜不如早起，加班不如提高效率。

（2）去掉一些不必要的应酬和不良的饮食习惯。研究表明，晚上摄入过热食物最容易致肥胖和亚健康。在一天工作后，很多设计师要么随便吃口饭，要么不按时吃饭，要么参加应酬大吃大喝，这样非常不利于身体的健康。身边很多设计师胃都不太好，所以一定要注意按时吃饭，健康饮食。

（3）减少伏案工作时间，减少在电脑前的时间。现在做设计师无法脱离电脑办公，这已然成为事实，所以更需要我们定时起身活动，看看远处，缓解视觉疲劳。一些智能手环有久坐提醒的功能，可以用起来。另外也可以购买一些腰靠等符合个人坐姿习惯的辅助产品。

（4）减少工作之外对身体的损耗。设计师大都爱好广泛，工作之外的生活更是五花八门。这里以为我为例，有段时间，下班后就想玩游戏，而且属于停不下来的那种，所以身体依然在超负荷运转，而自己被游戏的快感麻痹。后来痛定思痛，开始跑步（见图 4-11），每天跑 5 公里，膝盖又有点不适，其实无论工作之外干什么，都需要蓄力，尤其不能增加对身体的损耗。

图 4-11　跑步

（5）减少用手机的时间。手机带给我们便捷生活，丰富交互体验的同时，也在一点点地蚕食着我们全部的时间。实验表明，在一个房间里让被观察的人把手机放桌子上和把手机放包里，沟通的频率和效果是截然不同的。可见手机已经成为我们相处的鸿沟，而且长时间低头或用一个姿势看手机会让我们的颈椎和眼睛不适，而且手机的辐射光对皮肤也不好。当然，骄傲的现代人谁不知道呢？可是我们仍然无法脱离手机生活，一刻都不可以，客户经常在微信群里艾特你，朋友也在给你发信息，各种新奇的 App 在诱惑着你，随着移动端的功能越来越强大，放下手机近乎变成一种奢望。

如果我们要减少看手机时间，或者多几种和手机交互方式呢？，听书或听一些东西就是不错的选择，一方面可以让我们的眼睛休息；另一方面可以让我们的双手休息。还有一些锁手机的软件也登上了应用榜，帮助我们"戒"手机，但归根到底，还是要减少使用手机的时间，相信未来很多设计师也会聚焦于此，人类和手机的斗争才刚刚开始。

为祖国健康工作 50 年，得益于一个健康的身体，所以我把这一点加入创新方法论 40 条，希望大家越年轻越要珍惜。

二、如何保持良好心态

不只是生理健康，心理健康对设计师而言也是很重要的。我认为设计师是一个偏心理输出的职业，你会发现设计师拥有一颗美好的心灵是多么重要，或者说一个创造者没有设计师思维多么可怕，如图 4-12 所示的设计，对比日本的卫生间设计，就知道这个设计有多拙劣。

不管是跟领导沟通，还是跟甲方沟通，或者是跟其他设计师沟通，设计师都需要让自己处于高度集中的状态。在想方案时，我们又需要调动大量的脑细胞来思考。如果说运动员受到的是身体上的物理伤害，那么设计师受到的则是精神上的魔法伤害。所以，保持良好的心态是设计师职业生涯持续的能力的源泉，你永远无法得知他们的下一个创意是什么。

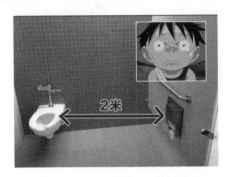

图 4-12　奇葩的卫生间设计

　　开心做设计，这是我的一个观点，很多设计师总皱着眉头做设计，我就会问他"你快乐吗？"他说"还行啊"，但狰狞的表情早已出卖了他，也许在此期间他也忘记了自己的心情和感受。设计师做设计的时候在想什么呢？这个谁也说不好，1000 个设计师有 1000 个哈姆雷特，但可以确定的是，如果设计师持续处于负能量中，是无法做好设计的。

　　记得有一次做一个项目，提案很不顺利，迫于甲方的压力，最后还是按客户要求进行了修改，但很明显做的时候不开心，甚至每一个线条都是忧伤的。自然渲染出来的图也是灰色的，直到后来，我们调整了方向，客户也承认了之前沟通的问题，项目回归正轨，问题也得到了解决。

　　当然，好心情也不是你想有就能有的，尤其面对工作、生活中的种种压力，不得不说毕业几年后慢慢拼的就是心态。心态好的人，积极正向思考，把自己和周围的事物都引向好的方向，心态不好的人则相反。拥有良好的心态，可能收获的不仅仅是好的职业生涯，还有一个更好的人生。

第五节 生命：
假如生命有意义

一、生命的意义

生命的意义是什么？我在 30 岁左右时，开始深刻思考生命的意义，一方面是家里老人的去世；另一方面是身边的亲人患癌，经历生死考验。几年内，我经历了对死亡的重新思考，这是我成年之后第一次这么近距离地接触死亡，曾经觉着死亡离我很遥远，忽然发现它就在身边。

不知道每一个夜深人静的时候，你是否会思考生命的意义，像绚烂的焰火划过夜空，消失不见。我们疯狂进食、玩闹，成就自己，成就他人，在乎我们拥有的，渴望我们未得到的，欣喜于自己的成长，感叹于这世间的沧桑。终究有一天，时间会静止下来，我们归向何处。像一阵风掀起的尘土，缓缓落下，在这短暂而又漫长的人生中，你是否有一刻觉得没有白来这世界，是否有一刻觉得人生趋向圆满，是否有一刻内心充满了希望？

活着很容易，想活得有意义，难。我们每天要与自己的懒惰、欲望做斗争，又要应对周遭的琐事，偶尔想起生命的意义，转瞬就被遗忘。不是我们忘了生命，而是生命忘了我们。

生物的进化与更迭，大自然自有法则，人类再伟大也无法主导生命的极限，唯有让生命更有意义，努力拓宽生命的宽度。

进取心也许是我能想到对人类最有安慰的词了，它能更好地指引我们前进。

我们每天在意的一切东西，最终汇成弥足珍贵的回忆，时间的珍贵也就在于它的不可逆。所以，我们更要把握当下，珍惜每一个项目，善待每一个方案，用

100%的热情和努力去做到最好。

认识死亡，认知生命，是我们一辈子的课题，国外有一个老师让他的学生们躺进墓地里，去感受死亡，去重新思考生命。从里面出来的同学有的神色凝重，有的面露微笑，有的喃喃自语，有的泪流满面。

当我们学会与死亡和解时，我们更应该珍惜自己的身体，这样才有更多的时间去完成自己的梦想。前面有提到健康对我们每个人的重要性，而健康的终极目的是生命的长期延续。

如果生命有意义，那我们要去寻找（见图 4-13）；如果生命的意义是设计，那需要坚持；如果生命是有价值的，那要去寻找是什么承载了它，是金钱，是名誉，是家人，还是乐趣？

图 4-13 寻找生命的意义

人类文明的起源就在于人类开始问自己，生命的意义是什么？这是区别于动物的一个非常重要的点。我们追求本源，所以有了哲学。

如果设计可以承载生命的意义，那它是以一种什么样的方式来实现的呢？是通过一个个奇思妙想的不同的案例和作品，还是通过一次次层层递进地思考和尝试？我认为不应单纯地把项目看作一个任务，一份工作，而是把它当成实现我们生命价值的一个个阶梯。我们都知道终点是什么，更希望当我们到达生命终点的时候，正是我们所希望的那个样子。

如果说生命真的有意义，那么我们的追求就是方向，每一步的抉择都至关重要，我们要对自己的选择负责，对身边的亲人负责，对自己的作品负责，对国家和社会负责。

未来掌握我们人生的一定是我们自己，曾经起相关作用的父母、家人和老师、朋友，等等，都会随着成长慢慢淡出。电视剧《血色浪漫》中，钟跃明在参军的火车开动的时候朝外面大喊：大丈夫横行天下，这才刚有点意思。希望这份豪气，能感染到你，不论毕业多少年。

二、生命的品质

回望自己 30 年的生命历程，"善良"和"感恩"是我认为生命中最可贵的品质。我一直认为，在学校时学会善良，毕业后学会感恩，那做设计肯定差不了。

（一）做有温度的设计

对设计师而言，经过长期人文教育的滋润，越来越多的设计师开始关注做有"温度的设计"。什么是"有温度的设计"？我理解的是传递温和感受的设计。人的感受是有很多种的，设计师通过设计传递某种感受，体现自己的价值，对社会公众具有导向指引作用。善良，不仅仅是一个人的品质，更是设计师的基本要求，虽然目前还没有看到内心邪恶的设计师会有多大的负能量，但一定是不被社会所接纳的。

好的设计师一定能放下身躯倾听弱者，关爱他人；好的设计师也一定能共鸣共情，聚焦问题，感悟生活；好的设计师同样会尊重生命，感恩生活。

分享一段我在大学时候的设计经历。

流浪人座椅设计 rangers home

大一的时候我开始接触设计，开始寻找城市中的设计问题，并加以解决，很快我想起了曾经在城市中遇到的上公厕的问题，于是开始查找资料，发现这确实是一个大问题。

人们都说看一个人家里是否整洁要看卫生间是否整洁，那么看一个城市是否干净也要看它的公厕是否干净。传统城市公厕存在着粪便难处理、上水困难、安装移动复杂等各种问题，于是我设计了如图4-14所示的初稿方案。

图4-14　城市卫生间概念设计

大三的时候，随着设计学习的深入，我对城市问题关注的点不再仅仅是公厕问题，流浪人群的夜晚居住问题是我想迫切想解决的问题，于是开始了全新的思考。

夜晚，城市的地下通道里，总不乏临时过夜的人，我关注到了那些夜晚无家可归，无处休息的人，他们生活拮据，在灯火通明的城市里，没有一个栖息的角落（见图4-15）。

图 4-15　城市的夜晚

我想，能不能把之前的公厕初稿方案调整一下，改为可以为流浪者提供简单休息的方案呢？前思后想后，我决定舍弃公厕的设计，保留设计的主体，让它变成一个城市的公共座椅。白天，它是一款高背椅，供人们休息坐靠，休闲玩耍。夜晚，流浪或无处居住的人可以将高背椅旋转 90 度，有弧度的椅背做床，高背椅采用柔软皮革材质，流浪人可以拉下两边帐篷安心入睡（见图 4-16）。

同时，多功能生态流浪人之家可以将雨水收集并加以利用，生态环保地为鸟类和花草提供水源（见图 4-17）。

虽然这款设计只得到了国内一个小比赛的优秀奖，但这是学生时代我最喜欢的作品之一，它告诉我在设计求学的路上曾经用稚嫩的手法，去尝试解决一些问题，做出一些有温度的设计。而未来，我也会初心不变，继续做一个有温度的人，坚持做有温度的设计。

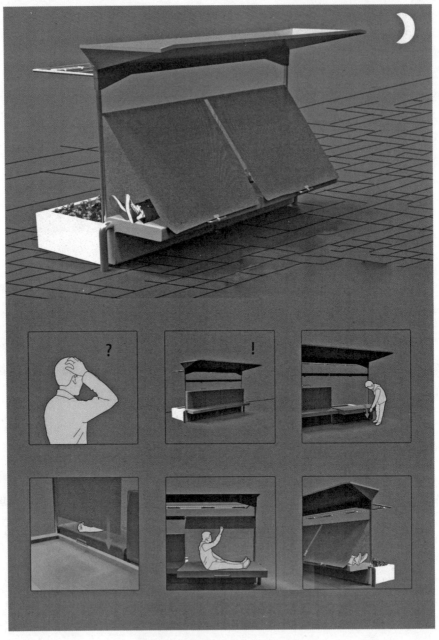

图 4-16　城市的公共座椅（一）

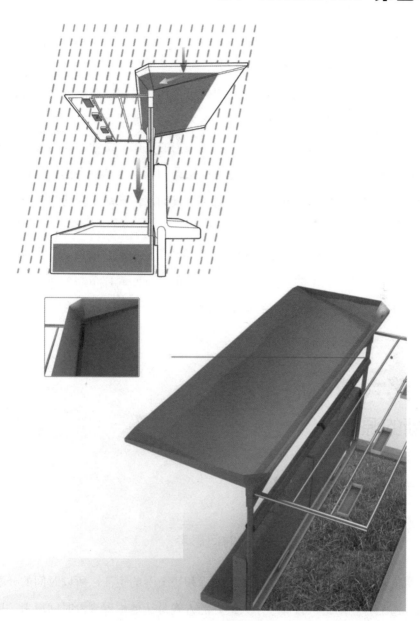

图 4-17　城市的公共座椅（二）

（二）懂得感恩

记得在学校时，大一的寒假作业是写 1 万字以上的家史，我后来一口气写了

2万多字，知家事更爱家，爱小家才能爱大家，这是老师给我的教导。感恩父母，感恩生命的来源，是为人之本。

工作之后，听到很多人提到"感恩"这个词，发现了越高层次的人越心怀敬畏，心怀感恩，让我也开始思考，为什么大家这么重视这个品质？

一份工作，一段培养，是机遇，也是人为的赏识。毕业后我们会遇到很多贵人，很多无私把自己的经历、经验分享给别人的人；会遇到手把手教我们软件、排版、渲染的人；会遇到推荐工作、介绍项目的人。在这个人情社会里，我们无法脱离他人而存在。

帮助过你的人，你要记得惠及他人，"感恩"不用挂在嘴边，需要付诸实际行动，帮助更懂"感恩"的人成为职场里的共识，有一天你帮助了别人，后来别人帮助了你，"感恩"让每个职场人成为更好的自己。

第六节　思考：

创新的源动力

一、学会独立思考

（一）独立思考的前提是有时间思考

我们在毕业之后会面临一段相当忙碌和快节奏的生活，所以时间的分配特别重要。网上有一句话：毁掉一个人最好的方式是让他忙碌到没时间思考，以为自己很充实。

忙，可能是现代人最显著的特点了，步子快了，欲望多了，每天都应接不暇，这样会让我们没有时间、没有精力去思考，是很可怕的。我们在不断地工作中，得到认可，得到成长，得到更加丰富的人生阅历，与此同时，我们可能会偏离自己的理想，或者重塑自己的理想，甚至丢失自己的理想。

（二）独立思考，是现代社会人的一个基础项

面对形形色色的事物、论点，需要做出自己的判断，切不可人云亦云，网络社会的发达构成了更为复杂的信息链，在这条链上，不缺加工者，我们有时甚至都不知道自己获取的信息是经过几次加工的。

作为设计师，首先要判断事物的正确性与可行性，然后再结合自己的专业知识去表达。如果不分对错，胡乱表达，就变成了一个没有思想的机器，见图4-18。

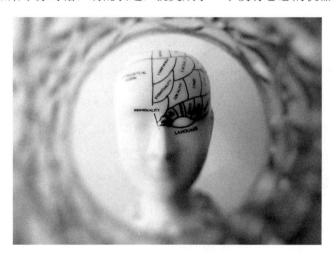

图 4-18 独立思考

（三）保持自己的思考方式

这个世界很大程度上是被那些有自己想法，甚至特立独行的人推动的，而我自认为是一个普通人，所以尽可能和大家分享一些相对正确的普世的价值观，希望我们每一个平凡的普通人也可以保留自己的那些不一样。

我们的另类，不被别人接受的点，也许恰恰是我们的闪光点。很多人是拥有自己的思考及自己特定价值观的，只是我们无法理解，从众是我们大部分人的选择。所以真正的价值观的评判，只有自己去做才可以验证，我们应该保持对周围

事物的评判权,在此中验证自己的能力,用自己独有的思考方式。

这个世界是多元的,现在各种思潮层出不穷,尤其我们所处的设计行业更需要做前沿的思考,我们所做的设计方案需要确定是否符合未来人们的需求。

(四) 做设计要独立思考

独立思考能力不仅仅是我们可以坚持自己的设计方案,独立地判断一个形体、一个物体的美丑,而且是我们可以靠自己的思维构架起整体解决方案,不依托于技术和其他。很多设计师在做方案时会用一些新奇的技术或互联网。例如,设计一个猫窝,我问"你怎么除臭?",他说"用一种新的除臭材料";我问"你怎么知道猫在里面?"他说"靠感应器,连接手机 App,可以对猫进行查看"。这种设计方式可能是很多设计师爱用的,但如果你选用新材料,就需要考虑选择哪种材料,成本是多少,是否可用,有无专利等问题。很多设计师都爱把问题留给电子器件去解决,一直在做加法,而忽略了设计的本身。就拿查看猫是否在里面这个问题来说,巧妙地开一个可视窗也不错,还更透气。

我一直鼓励设计师勇于做结构创新,或者是思维创新,最后才是应用层面的创新。不要局限于新材料的应用和电子器件的叠加,就算再加上可持续的理念,这样也是不可取的。人类已经极大地消耗了自然资源,我们不能再继续走老路了。总被提到的"碳达峰""碳中和"在不久的将来一定是趋势。

我们可以去独立地分析颜色与形态之间的关系、用户与需求之间的关系,辨别伪需求,聚焦真需求。当今社会不缺差不多的东西,产品过剩的时代里,设计师需要思考的是究竟什么产品是用户所需要的,倾听自己的声音,认可自己的判断。

二、思考的力量

玩游戏的时候经常有一些失误,我们可以重置一下从头再来,人生却不可以。但职场其实是一次重置自我的机会,在成年后很长一段时间里,我们需要花大力气去改掉一些原生家庭所带来的不好的思考方式或做事的方式、习惯，等等。曾经，父母、老师教我们的观点、方式需要随着时代而改变，或者我们需要更强大的知识来武装自己。

很多事情如果我们不去尝试，永远无法知道它的对与错；如果永远按照父母、老师所教导的，我们永远无法确定自己想成为什么样的人，应该如何度过这一生。

在离开家庭，离开校园之后，很多人通过思考重塑了自己的价值观，重新认识了这个世界，得到了提升。这里没有方法论，更多的是习惯。古人常云"吾日三省吾身"，毕业之后，我们就是自己的掌舵者，像出海的渔船，要么满载而归，要么迷失方向。

曾经的起点固然重要。在等级的社会中，每个人的一生在出生后大概就注定了，但在 20 到 30 岁这 10 年里，我们完全有机会完成一次赶超，或者为之后的逆袭打下基础，改变自己的社会阶层，甚至挑战社会规则。

小米的刘德老师说：人在每个七八年会有一次质的飞跃，或者说有一次机会，我们把握住了就会迎来下一次的增长，把握不住就会错过。回想一下，从出生到第 1 个 7 年是上小学，第 2 个 7 年应该是小学毕业，第 3 个 7 年是高考，第 4 个 7 年是毕业 3 年，第 5 个 7 年是毕业 10 年，我们先算到这里，人生在这 5 个 7 年已经基本定性。在这个时候，该结婚的已经结婚生子，建立新的家庭，该创业的也已经在路上了，社会关系、人际关系的圈子基本定性。

35 岁是一个节点，有人说人生的下半场就是从 35 岁开始的。35 岁开始中年危机。每一代人在短短的 35 年所经历的国家变化、时代变化，都是历史给予的，我们无法选择，只能去迎合和把握，不同的行业，不同的领域，都会有新的事物涌现。我们需要博古通今，纵观全球，顺势而为。有些人看着成功，但他们并不觉得自己成功；有些人看着一般，但他们觉得自己很成功。成功的定义是自己给的，有思想力量的人，不会过分在意他人的看法。

勤思、深思是做一个更好的人的需要；巧思、奇思是做一个好的设计师的需要。相信思考的力量，可以助你跨越整个人生。

第七节 内心：

内心秩序法则

一、设计人生

这个时代少了些踏实，多了些赞叹，更多的时候我们总在赞叹忽然浮现的事物，却没有想事物本身其实蕴藏简单的道理，而我们只是少了些坚持罢了。

很多设计师问我，"设计难不难？"，我说"设计不难，但设计产品难，设计商品更难"，在此我已经主观地把设计理解为生活的一部分，或者说是一种生活方式。

出门前，我会对自己的行头设计一番，穿搭好后临出门还会戴上合适的手表和帽子；去超市，我会提前设计好路线和交通方式；购物时，我会欣赏每一个包装和货品的摆放层次，挑选的每一个水果的外轮廓都有自然的曲线；购物完成后，我会按自己的设计方式把物品摆放在袋子里带回家；最后我会设计好先吃哪些，再把哪些放进冰箱。其实我们的生活离不开设计，如果我们称它为"设计"的话。

"设计"的人生，是一种活法，能让我们的人生更加美丽，多彩。我想这可能是所有人的追求，对美的追求，对合理性的探究，对现实更强烈的改变意愿和不愿做平庸的标准。其实很多成功的人都是重视"设计"或本身具备"设计思维"的人，作为顶层思维的一种，设计恰恰不是一种技法或专业类的呈现，而被用到了更多的战略层面，一个产品从想法到诞生如此，人生也是如此。

有规划的人生，可能更多的是计划，但有"设计"的人生，却不仅仅是计划，有"设计"的人生是美的、是自由的、是舒适的，最重要的是与众不同的。"设计"的人生旨在活出自己。就像设计师最厌恶抄袭一样，很多人生何尝不是在抄袭，有人抄袭了父母的人生，有人抄袭了偶像的人生，唯独没有自己的人生。

人活一世，重在真实，活出自己（见图4-19）。我想这不仅是设计师的梦想，也是每一个有追求的人的梦想。重在体验，经历沿途的风景。所以，设计人生，不是计划好什么年龄发生什么事，而是构建属于自己的价值观和最终生命梦想的路径，沿着正确的路径行走，一路留下属于自己的印记。也许有一天你会做出一些不一样的事情，但这一定是价值观和生命最终梦想的驱使。

图 4-19　活出自己

做过设计师的人，或掌握设计思维的人，要把曾经美学赋予的美好回馈给社会，要把自己对加工、对产品的理解融入生活，把解决问题的态度做到最大化。我认为设计恰恰没有那么厉害，现在有很多企业家或资深设计师会鼓吹设计的重要性和设计有多厉害，我不敢苟同，相反我会觉得过度设计是一种罪，是对社会的危害，对环境的破坏与浪费。我们成天喊着"可持续发展"的口号，就要同时做到可持续发展的设计。这一点设计师责无旁贷，虽然有些时候把握不了事物的发展，但可以从自己专业的角度去努力，去发声。

总之，设计是让人类生活更美好，那设计人生就是让自己的人生更美好，找到自己心中的美好，靠近它，实现它。

二、听从内心的声音

相信每个人来到这个世界都有属于自己的意义和使命，无论如何去找到它，听从自己内心深处的声音，不被生活的琐碎所困扰，不迷失在欲望的诱惑中。

2019年，我慢慢成为一名设计的"老兵"，虽然身体没有那么有活力，但多年的摸爬滚打，让我在客户面前游刃有余，越来越像一个老油条一样每天"设计"不离口，在论坛上，在企业家面前，在设计师面前我总是滔滔不绝。夜深人静的时候，我会问自己"你为什么做设计？是为养家糊口，还是心底的热爱，是不会做别的，还是不愿放下一些所谓的成绩？"

每个设计师都有自己的内心世界，适度的内心思考和对话，有助于我们梳理人生方向，提高生活质量。每日的"三省吾身"，有助于我们在这繁杂的世界里，保持自我，保持初心。

设计师在成长的路上会遇到越来越多的诱惑，例如，大学做设计的时候，有同学会图方便，从网上直接找问题，然后再结合意向图，做出一套方案，虽然问题是别人发现的，造型也是参考别人的，但方案是你创造的；毕业后，经常会跟客户说这个造型符合未来的趋势，并且从各个方面论证都是好的，其实有没有那么好，只有我们自己知道。

2021听从自己的内心，做一个设计者，胜，不妄喜；败，不惶恐。

第八节　今天：
站在 2021

曾经2012年流传的世界末日说没有得到印证，然而2020年却给了我们一个末日般的开端，澳洲大火、澳洲蝙蝠、西班牙暴雪、美国乙型流感、东非蝗灾、新型冠状病毒似乎以一种不可名状的速度在全球蔓延开来。

2020年的新年伊始，谁都没有想到会有一个如此艰难的开端，随着新冠病毒的全球传播，我也在一直不停地思考，基于对设计的理解，把一些想法记录了下来（见图4-20）。

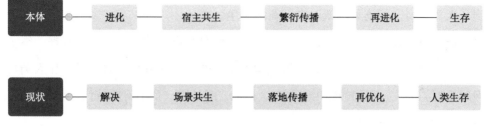

图 4-20　设计理解笔记

病毒：本体——进化——宿主共生——繁衍传播——再进化——生存。设计：现状（问题／痛点）——解决（设计）——场景共生（与现有方案共存共生）——落地传播——再优化——人类生存。

如果新冠病毒如 SARS 一样提高致死率而不是强化传播性，那对于同为生命本身的病毒而言，无疑也是一场短暂的消亡，如今人类面对更大的威胁是，人类科学药物研究的速度跟不上病毒的进化速度，而与此同时，病毒肆意妄为地破坏生态平衡和自然法则，未来将有更多新的挑战等待着人类。新型冠状病毒的影响如图 4-21 所示。

图 4-21　新型冠状病毒的影响

于是我总结了几个结论。

结论 1：设计无法独立进行。设计无法脱离场景和现状独立进行，这也是很多概念设计无法落地的原因，所以设计师要有场景迁移能力和构建场景能力。场景很容易找到，产品与人之于场景中的结合点非常关键。就像蝙蝠身上的病毒找到了人类，换了新场景，就迎来了新的一生。

结论 2：设计的目的不是让问题消失，而是与问题共生。存在即合理，很多时候设计就是想解决问题，其实很大程度上问题无法被解决，而是设计让人类与问题更好的共生。起到的作用是缓冲、掩盖，或是用一个小问题替代一个大问题，所以说设计是一种权衡。

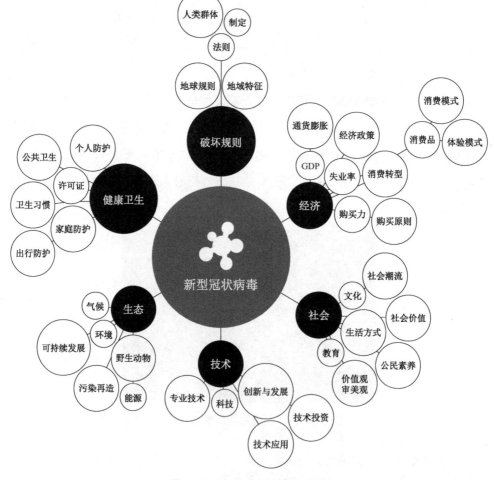

图 4-22 新型冠状病毒的影响

结论 3：先活下来，再去传播。很多时候我们关注于是否创造一项新的物种或新的造型，而忘记设计是依托于场景和现状而生的，设计是对原有事物构成的一种打破，或者说是优化组合，用力要巧。

我们见过很多好的设计却没有被推广出去，也见过很多好的方向却没人做。究其原因，个人认为设计的传播和被接受度很重要，就像新冠病毒现在已经超过了 SARS 的知名度，不是它的致死率而是它的传播性，在一定程度上对人类的威胁更大，存在更久，更难抑制，那么它就有更多时间去变异、优化。好的方案需要一个传播和接受的前提，如果不经过这一步，那么就没有再优化的机会，设计只有不断迭代创新，才能永葆活力。

个人卫生的关注度，也会随着这次病毒的传播和防护深入。未来很长一段时间里，我们会不习惯摘下口罩，不习惯回家不洗手，不习惯随意地触碰陌生的物体，疫情给全国人上了一堂免费而深刻的卫生教育课。对于设计师而言，未来要更加地关注人类健康和卫生问题，关注设计对人本身的关怀。很长一段时间里我们一直被丰富的物质生活所包围，健康和娱乐（见图 4-23）将是未来的主旋律，为何娱乐也是主旋律呢？

图 4-23 娱乐

因为生命珍贵而短暂，娱乐能使人快乐。深究生命的意义，恐怕没有几个人能说得清，但活着就要快乐，是我们普通大众的追求，越是在极端的条件下越是需要。20世纪80年代日本经济泡沫时期最火的是游乐场和游戏厅。

设计师所肩负的责任将会越来越沉甸甸，接下来将有更加严峻的设计任务等着我们，也将发生更多有趣的事。期待我们摘下口罩的那一刻，期待我们战胜病毒的那一刻！

■ 第九节 智能：
未来来了吗

一、智能硬件

人工智能从诞生以来，理论和技术日趋成熟，应用领域也不断扩大，可以想象，极具未来感的产品所带来的变化，将会是人类智慧的容器。

智能硬件是指对传统硬件设备进行改造，通过与传感器等相结合使其具备信息采集能力，通过蓝牙、NFC、WiFi、3G等无线协议使其具备网络连接能力，通过软硬件结合的方式使其具备信息分析和处理能力，成为具备智能感知、交互、大数据服务等功能的新兴互联网终端产品，主要包括面向消费者的传统电子产品智能化后形成的新兴产品，以个人穿戴、交通出行、智能家居、医疗健康为重点领域（见图4-24）。

中国智能硬件市场开始逐步成熟。自从2012年美国谷歌公司推出首款具有智能硬件意义的Project Glass产品，国内一些企业也开始将目光投向智能硬件领域，标志着中国智能硬件行业进入初创期。但在这一时期，国内厂商还没有推出消费级的智能硬件产品。

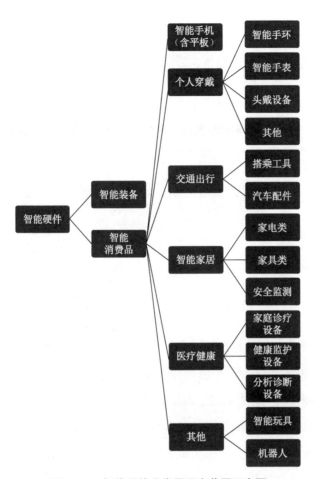

图 4-24　智能硬件分类及研究范围示意图

　　2013 年，小米公司推出了第一款具有自主知识产权的智能硬件产品——小米手环。翌年，深圳大疆公司也上市了第一款消费级无人机，这拉开了中国智能硬件产品的序幕。2015 年至 2017 年，借力"大众创业、万众创新"的号召，国内硬件巨头企业、BAT 互联网公司、初创型智能硬件团队纷纷致力于研发推出具有特色功能的新一代智能硬件产品，中国智能硬件市场迎来了成长期。在过去的 5 年中，智能硬件市场由外国厂商占据绝大部分市场份额的格局渐渐被华为、小米等中国厂商打破（见图 4-25）。

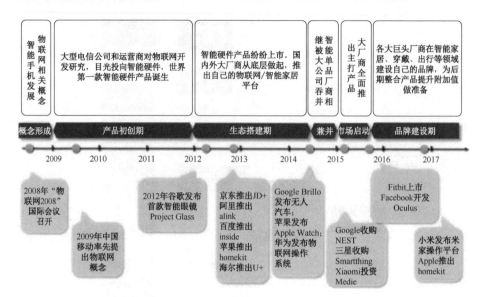

图 4-25　中国智能硬件产业演进历史

中国智能硬件市场规模急剧膨胀。2013 年中国智能硬件产业市场规模仅为 33.1 亿元，而 2016 年，中国智能硬件产业市场规模已达 1039.8 亿元。从增长率看，中国智能硬件产业正在迅速扩张，平均增长率大于 150%（见图 4-26）。

智能硬件推动新应用和业态兴起和渗透。智能家庭、智慧交通、健康管理、远程医疗等各种服务不断发展，"互联网+智能硬件"的影响将迅速向工业、医疗、交通、农业等各领域进行广泛的渗透扩散。

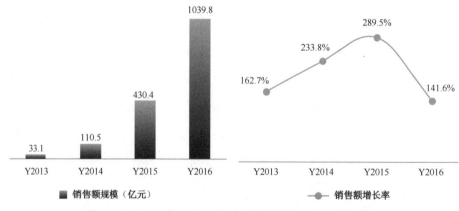

图 4-26　2013 年－2016 年中国智能硬件市场规模与增长

产业链融合创新驱动产品服务多元发展。智能硬件对智能感知、智能操作与人机交互、低功耗芯片、无线充电、工业设计、应用平台的要求突出，竞争由产品性价比扩展到对全产业链的整合和掌控。联动创新、融合创新正成为产业发展的主旋律，领军企业掌控智能硬件操作系统、人机交互技术、互联网开放平台、应用开发工具等产业链关键环节，推动"互联网+智能硬件"产业链整合。

2017 年，专家预测 2019 年中国智能硬件市场将达到 4000 亿元规模，但在 2019 年我们发现，智能硬件市场就已经到达了 6000 亿元的量，而在 2020 年更是突破了万亿大关，这是一个新的时代的来临（见图 4-27）。

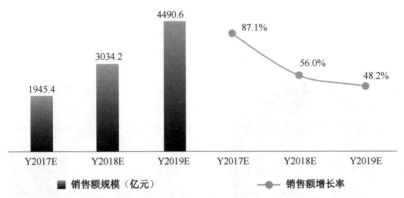

图 4-27 2017 年—2019 年中国智能硬件市场规模与增长预测

智能家居产品将发展成为新的热点领域。智能硬件产品的普及从根本上改变了人们的生活方式。智能家居逐步覆盖家居生活的各个场景，从需求端渗透。

经过这些年的发展，智能硬件在各个细分产品市场都取得了不错的销量，其中智能家居产品的受欢迎程度与销量均处于领先地位。受国家战略与社会大环境的共同影响，未来，智能家居的市场需求会进一步扩大，并逐步普及到家庭，目前中国智能家居市场已具备一定发展规模，随着 5G 和物联网的落地，其市场发展有望进一步提速（见图 4-28～图 4-29）。

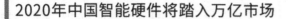

数据来源：艾媒数据中心（data.iimedia.cn）

艾媒报告中心: report.iimedia.cn ©2020 iiMedia Research Inc

图 4-28 2018—2020 年中国智能硬件市场规模及预测

230

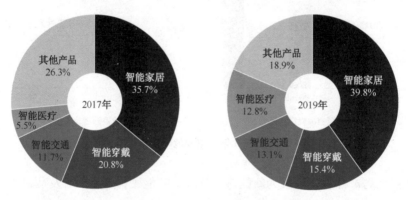

图 4-29 2017 年与 2019 年中国智能硬件市场产品销售规模预测

　　人工智能等技术将运用到智能硬件产品中。数据云助力提升人工智能在智能硬件层面的潜力，通过云端强大的数据库进行演算，得到类似于人脑判断的结果。未来的智能硬件产品将与人工智能等技术结合，使用户体验得到极大的提升。

　　然而我国的智能硬件行业处于发展上升期，各厂家更多专注于产品的功能性和用户体验方面，导致用户隐私数据泄露问题被忽略，安全问题开始凸显，例如，智能路由器被入侵、智能穿戴产品泄露用户位置信息、智能摄像头遭到远程控制等。智能硬件安全问题造成的危害甚至比互联网信息安全问题更为严重，这些智能硬件产品实时记录用户的活动习惯与偏好，间接影响到人身安全、社会安全和国家安全。因此，智能硬件安全受到重视，这给了安全防控厂商巨大的发展机会。

例如，我们曾经为 360 设计过一款智能安全网关软件，它和路由器虽然外形相似，但功能完全不同，路由器是发射通信信号，而安全网关是屏蔽通信信号，保护家居使用安全。

在这个时代做设计，对智能硬件了解是必要的，甚至有的设计师扬言这辈子只做智能硬件设计，可见其火热程度。但在智能硬件普及的今天，设计师该思考如何让科技与人类通过设计更好地结合，而不只是为传感器穿上一件漂亮的衣裳。

二、未来已来

要说 2020 年全球科技领域的一件大事，不得不提马斯克和他的 SpaceX 载人火箭。

虽然首次"商业载人航天"的壮举甚嚣尘上，远远盖过了其行为本身，但我们还是要从设计的角度去看这次发射。毫无疑问，马斯克的团队也是一个重视设计的团队。时代发展到今天，火箭、宇航服也需要有颜值，因为它们都是商品（见图 4-30、图 4-31）。

图 4-30　火箭

231

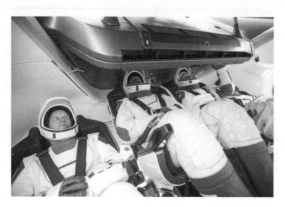

图 4-31　宇航服

是不是感觉内饰有那么一丝丝特斯拉的味道？看来马斯克用发射火箭的技术在做汽车，而对于内饰和外表的设计，无论汽车还是火箭，在设计师眼里都一样。

对比 1967 年、2002 年和 2020 年飞船驾驶舱的内饰及风格（见图 4-32），可以看出，随着科技的发展，我们正向科幻片里描述的一样在进步，这为设计师提供了更好地与科技融合的契机。

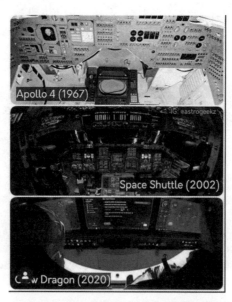

图 4-32　1967 年、2002 年和 2020 年飞船驾驶舱的内饰及风格

我们正走向未来，虽然这个速度没有想象中的那么快，但敏感的设计师要嗅到这一丝变化，传感器插满架子、按钮随意排列、小屏幕的时代已经过去了。大到火箭，小到智能硬件小产品，其实原理都相同，经过通电我们让一堆铁或塑料活了。

设计师要关注时下热点，同时要从自身专业角度，去思考，去发问。

希望有朝一日，中国的商业火箭也可以在宇宙翱翔，我们也可以为祖国的太空探索贡献力量。

■ 第十节 可能：
你拥有无限的可能

一、相信可能

记得毕业的时候，很多同学感叹，错过了千禧年的互联网机遇，错过了 2008 年的奥运机遇，却赶上了全民制造的创业大军，竞争异常激烈。

时代给予每个人的机会是一样的，曾经有人说马云之后不会再有马云，然而那个让我们瞧不起的拼多多却横空出世，其创始人"80后"的黄峥个人财富也超过马云，位列福布斯中国第二，互联网人创造着一个又一个的中国神话。但设计人也不甘落后，奋力直追。

作为新时代的设计师，每个从业者都肩负着向世界传播东方设计的历史使命，以及为用户提供优质产品的责任。可以说对外的责任感和对内的可能性构成了设计师最为主要的两大特征。

我认识的发展比较好的设计师，毫无例外的都是勇于承担责任、干实事的人，同时他们具有坚韧的品质，不断学习和进步。如果问谁最努力，只能说一个比一个努力。人到 30 岁把握最后一个美好的时刻,接受各方压力,勇敢做出自己的选择。

有人说"30 岁以前要敢尝试,30 岁以后要不后悔"说的就是,30 岁以前拥有的可能性和为可能性所做的努力,30 岁以后付诸行动,坚持自己的选择,并依然坚定地相信自己的可能性,见图 4-33。

图 4-33   坚定地相信自己的可能性

设计只是表达自我的一个手段,归根到底还是要活得明白,得到自我认同和他人认同。曾经有个设计主管跟我说她想离职,说了很多理由,薪资、压力、环境,等等,直到她说缺乏认同感的时候,我不知道怎么回应,其实我也遇到过对自己所做的事的意义的怀疑。

当开始认为你手中产生的设计方案没有意义时,它所产生的意义也正以光速消退。不用拥有改变世界的豪情,但要找到坚持的动力,而设计师所拥有的可能性就是坚持的动力。

每一个人,每一分钟所做的事都在或好或坏地影响着这个世界,设计师应该跳出来看到这些,并尝试通过自己的努力,让这个世界在某种程度运转得更好。

如果说心理咨询师一直在用"鸡汤"改变世界,那设计师是实实在在创造"鸡肉"的人，所以设计师要活得真实，活得认真。设计师要点燃心中的小太阳，释放自己的可能性。如果有一天充满可能性的这波人变得不发声，不做事，那将是社会的悲哀；如果有一天人类不再需要设计师，要么这个世界要么即将毁灭，要么每个人都变成了设计师。

设计师从人群中来，到人群中去。也许这个世界并不如你所意，设计本身没有那么高大上，设计师也并没有多么受人尊敬，多劳少酬，每天大脑都超负荷运转，但试想这世间，又有哪个行业是容易的，设计只是我们最初看世界的一个方式，进职场的一个门，如果说恰巧你的兴趣和职业能够结合在一起，那是非常幸运的事，大部分人终其一生，无法释放自己的全部可能性，这并不可悲，这是事实。

我们先是人，再是设计者，再是设计师。相信每一个设计师都是上天选择的，冥冥中已肩负使命，既然选择了，就坚持下去吧。

235

二、世界很大

很多时候，在上班的路上我会想，在地球的某个地方，会不会有一个和我一样的人，虽然过着不同的生活，但在做同样的思考。时空中一定存在某种联系，指引我们相见。

世界那么大，为什么不出去走走？

是房贷、车贷的压力，还是父母不希望远行的嘱咐；是男女朋友的不舍，还是陌生环境的恐惧；是囊中羞涩，还是工作繁忙；是缺乏思维，还是缺乏契机？

我们不认识这个世界，不了解这个星球存在的现状，如何解决它们的问题？不同的文明，不同的社会发展阶段，不同的历史，不同的生活习惯，也许本就没有从无到有的创新，只有跨界的思维，与相互的融合递进。交流、融合、碰撞，形成了新的思维和事物，在人类漫漫长河中贡献自己的一点力量，一份来自地球的力量（见图 4-44）。

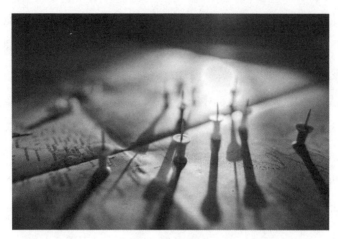

图 4-44　地球

后　记

　　我把自己在学习设计的过程中，第一个10年里的有限经历和所思所想拿出来与大家分享，让更多的设计师在当下少一丝迷茫，多一分行动，这是我的初衷。本书有很多不够准确的表述，以及不够严谨的观点，请大家批评指正。

　　我承认在初学设计的时候小看了它，以为它不像建筑那么难，直到后来才慢慢发现，想做好设计很难，需要学的东西很多，投入的精力很大，至于其他行业是不是也如此，我没有过其他行业的从业经验，所以不敢妄谈。

　　希望这本书能够对在设计道路上前行的每一个你有所启发，不仅仅是设计本身，也包含生活。回望我这30年的生命历程，很普通，10岁前贪玩懵懂，10岁到20岁叛逆笃定，20岁到30岁方知努力。从20岁进入设计行业，到如今已有11年。这是我对自己的一个总结，也是一个新的开始。

　　希望每位设计师都能找到生命中最好的状态，找到最适合自己的节奏。有人50岁开始创业，有人30岁成为千万富翁；有人60岁才找到喜欢的职业，有人20岁就决定为所做的事奋斗终生。每个人都有属于自己的生命的节奏，不要着急，不要气馁，找到属于自己的感觉；不要羡慕，不要唏嘘，是金子总会发光。

　　感谢每一位为本书提供建议和分享的朋友，感谢设计路上每一位曾经帮助和支持过我的人，未来我将继续努力，认真做好每一个项目，力求做好每一个产品。产品设计师终究还是要回归产品本身。

　　也许有一天，你成为设计明星，也请记得曾经做过的每一个小案例，小细节；

也许未来有一天，你不再做设计师，但请记得设计给你带来的思维的转变；也许未来和现在完全不同，也请记得继续努力。

作者

2020 年 7 月 5 日下午 14 时于北京